Priscilla Gareau

Analyse stratégique d'un type de gestion intégrée de l'eau au Québec

Priscilla Gareau

Analyse stratégique d'un type de gestion intégrée de l'eau au Québec

Le programme Zones d'intervention prioritaire (ZIP): une expérience de gestion participative du fleuve Saint-Laurent

Presses Académiques Francophones

Impressum / Mentions légales
Bibliografische Information der Deutschen Nationalbibliothek: Die Deutsche Nationalbibliothek verzeichnet diese Publikation in der Deutschen Nationalbibliografie; detaillierte bibliografische Daten sind im Internet über http://dnb.d-nb.de abrufbar.
Alle in diesem Buch genannten Marken und Produktnamen unterliegen warenzeichen-, marken- oder patentrechtlichem Schutz bzw. sind Warenzeichen oder eingetragene Warenzeichen der jeweiligen Inhaber. Die Wiedergabe von Marken, Produktnamen, Gebrauchsnamen, Handelsnamen, Warenbezeichnungen u.s.w. in diesem Werk berechtigt auch ohne besondere Kennzeichnung nicht zu der Annahme, dass solche Namen im Sinne der Warenzeichen- und Markenschutzgesetzgebung als frei zu betrachten wären und daher von jedermann benutzt werden dürften.

Information bibliographique publiée par la Deutsche Nationalbibliothek: La Deutsche Nationalbibliothek inscrit cette publication à la Deutsche Nationalbibliografie; des données bibliographiques détaillées sont disponibles sur internet à l'adresse http://dnb.d-nb.de.
Toutes marques et noms de produits mentionnés dans ce livre demeurent sous la protection des marques, des marques déposées et des brevets, et sont des marques ou des marques déposées de leurs détenteurs respectifs. L'utilisation des marques, noms de produits, noms communs, noms commerciaux, descriptions de produits, etc, même sans qu'ils soient mentionnés de façon particulière dans ce livre ne signifie en aucune façon que ces noms peuvent être utilisés sans restriction à l'égard de la législation pour la protection des marques et des marques déposées et pourraient donc être utilisés par quiconque.

Coverbild / Photo de couverture: www.ingimage.com

Verlag / Editeur:
Presses Académiques Francophones
ist ein Imprint der / est une marque déposée de
AV Akademikerverlag GmbH & Co. KG
Heinrich-Böcking-Str. 6-8, 66121 Saarbrücken, Deutschland / Allemagne
Email: info@presses-academiques.com

Herstellung: siehe letzte Seite /
Impression: voir la dernière page
ISBN: 978-3-8381-7790-8

TABLE DES MATIÈRES

INTRODUCTION

L'eau est un bien collectif, ce qui sous-entend la notion d'intérêt général et ce qui présuppose la mise sur pied de politiques publiques. Ces politiques publiques visent à assurer une répartition équitable de la ressource hydrique et un maintien minimal de sa qualité. Cependant, malgré l'existence de politiques de protection de l'environnement, la qualité des cours d'eau du Québec, et particulièrement du fleuve Saint-Laurent, a été grandement affectée, ce qui a entraîné de nombreux conflits d'usage (Banton et al, 1995; Beauchamp, 1998).

Selon plusieurs auteurs, non seulement les systèmes de gestion prédominant dans les pays développés ne favoriseraient pas la résolution de ces problèmes, ils contribueraient également à les créer et à les entretenir (Jourdain et al., 1994; Organisation de coopération et de développement économiques (OCDE), 1989; Pearse et al. 1985). Ainsi, le modèle de planification traditionnel, c'est-à-dire la gestion sectorielle, est fortement remis en question. Au Québec, comme dans la plupart des pays développés, la gestion intégrée est mentionnée par la plupart des auteurs comme le modèle idéal de planification de l'eau. Cependant, l'application des principes de la gestion intégrée implique de nombreux et importants changements.

Dans la majorité des pays qui l'ont adoptée, la gestion intégrée par bassin versant est associée à l'émergence d'une décentralisation des pouvoirs de l'État (Barraqué, 1995). Suivant la vague généralisée de régionalisation, le Québec est en voie de moderniser son système traditionnel pour s'orienter vers ce type de gestion. Cependant, malgré l'unanimité générale et un début de « virage » vers la gestion intégrée, certains auteurs rapportent que les principes de l'ancien mode de planification de l'environnement prédominent toujours (Beauchamp, 1998; Delisle, 1995; Québec, 1993).

Au Québec, peu de recherches se sont attardées à étudier la manière dont est appliqué le concept théorique de la gestion intégrée et les obstacles à son application. Pourtant, répondre à ces questions s'avère capital, car le gouvernement provincial, qui prône une politique de décentralisation, privilégiera fort probablement ce modèle de gestion et pourrait l'étendre, dans un proche avenir, à l'échelle nationale.

Dans plusieurs régions du Québec, diverses expériences de gestion intégrée sont en cours depuis une dizaine d'années (Comité de bassin de la rivière Chaudière (COBARIC), 1996; Gangbazo, 1995, 1996; Tomalty et al., 1994). Parmi ces expériences, un programme de protection et de récupération des usages du fleuve Saint-Laurent, le Plan d'action Saint-Laurent (PASL), réunissant les gouvernements fédéral et provincial, est cité par plusieurs auteurs comme un modèle exemplaire, car il inclut la plupart des principes de la gestion intégrée (Burton, 1997a; Delisle, 1995; Tomalty et al., 1994). Ce programme de protection comporte plusieurs volets. L'un de ceux-ci a trait à la participation des acteurs locaux dans la gestion du fleuve Saint-Laurent : le programme Zones d'Intervention prioritaire (ZIP) (Saint-Laurent Vision 2000 (SLV 2000), 1998b). Le programme ZIP est caractéristique par sa volonté de planifier, au niveau régional, la protection du fleuve Saint-Laurent par un processus de concertation, qui mobilise une multitude d'acteurs aux intérêts diversifiés. Même si les expériences de gestion intégrée, tels que les programmes PASL et ZIP, sont relativement récentes, il est nécessaire de porter un jugement critique sur celles-ci afin de pouvoir cerner les blocages qui empêcheraient leur but ultime, soit celui d'assurer une meilleure protection de l'environnement.

Cette recherche vise donc à améliorer les connaissances empiriques sur la gestion intégrée et à cerner les obstacles possibles à son application en analysant le fonctionnement de deux organismes régionaux, les comités ZIP qui sont intégrés au PASL. Pour atteindre ces objectifs cette étude voudrait répondre à ces deux questions: 1- comment les comités ZIP en partenariat avec les instances gouvernementales en viennent-ils à gérer les problématiques environnementales de leur région? ; 2- quels obstacles et quelles limites ces organisations rencontrent-elles dans le cadre de leur mandat? Cette recherche fait l'hypothèse qu'il est possible d'atteindre ces objectifs et de répondre à ces deux questions en étudiant, d'une part, le contexte organisationnel de ce système humain et les individus qui y oeuvrent et, d'autre part, en comparant les résultats obtenus à ceux d'autres études connexes.

En raison de la complexité du sujet étudié, le problème de recherche a été abordé selon une approche systémique. Plus précisément, cette étude s'est basée sur l'analyse stratégique fréquemment utilisée en sociologie des organisations. Cette méthode de recherche permet de jeter un éclairage intéressant sur l'action collective des organismes impliqués dans la gestion de l'environnement. En effet, grâce à elle, il est possible d'étudier un système humain selon un cadre formel et un cadre informel, ce qui permet notamment de faire une comparaison entre la conception idéale qu'il se fait de son organisation et la mise en pratique de celle-ci (Crozier et Friedberg, 1977).

Le premier chapitre de ce mémoire expose les problématiques générale et spécifique, le questionnement principal et les objectifs de la recherche. Il présente tour à tour les caractéristiques des modèles d'organisation de la gestion sectorielle et de la gestion intégrée, ainsi que leurs liens avec le contexte sociopolitique dans lequel ils s'insèrent. Le chapitre II expose le cadre théorique et la méthodologie de recherche utilisés. Les chapitres III et IV de ce mémoire présentent les résultats et leurs analyses. Le cinquième chapitre situe l'analyse des données à un deuxième niveau de généralisation : une comparaison entre les principes théoriques de la gestion intégrée et les observations empiriques est établie. De plus, la comparaison faite entre les résultats observés et ceux des études connexes a permis d'émettre des recommandations et d'ébaucher des solutions partielles. Finalement, un bilan de la recherche est dressé ainsi que les conclusions qui s'en dégagent.

La principale limite de cette étude est d'ordre géographique, car les résultats des entrevues récoltées ne concernent que deux régions sur dix qui accueillent un comité ZIP. Même s'il a été possible d'atteindre un certain niveau de généralisation des résultats en comparant cette recherche avec des études similaires, celui-ci demeure restreint. La deuxième limite est d'ordre temporel. En effet, puisque tout système humain est dynamique et en perpétuel changement, puisque cette étude de cas a également été réalisée pendant l'année 1998, il est possible que certaines caractéristiques des systèmes d'action aient changé.

CHAPITRE I

L'EVOLUTION DE LA GESTION DE L'EAU AU QUEBEC

1.1   L'eau et son importance socioéconomique

L'eau est une composante essentielle pour assurer la survie de tous les organismes vivants, tant pour la flore et la faune que pour l'humain.   C'est pourquoi l'eau a été reconnue comme un bien collectif par la plupart des sociétés occidentales, et ce depuis le Moyen Âge (Tremblay, 1996).   Une ressource est définie comme un bien collectif lorsqu'elle peut être utilisée simultanément par plusieurs individus sans qu'il y ait d'exclusion.   En d'autres mots, il faut que tous les usagers aient la même possibilité de jouir de ce bien (Sasseville, 1990).

Ainsi, lorsqu'on parle de bien collectif, cela implique des notions d'intérêt public, d'intérêt national ou d'intérêt général (Lascoumes et Le Bourhis, 1998a).   Cela présuppose également la mise en œuvre d'un système social qui permettra d'assurer une répartition équitable de la ressource hydrique et le maintien d'une qualité minimale.   Cette notion de bien commun est donc à la base de l'existence des politiques publiques dans le secteur de l'environnement, tels les divers programmes et lois de protection de l'eau (Sasseville, 1990).

Au Québec, les cours d'eau, et particulièrement le fleuve Saint-Laurent, ont toujours joué un rôle primordial dans la vie sociale et économique de la population. En effet, au fil du temps, ils ont été tour à tour voies de transport et pourvoyeurs de matières premières, d'eau potable et d'énergie (Centre Saint-Laurent, 1996). Il n'est donc pas surprenant de constater la multitude d'usages qui y sont liés et qui en dépendent. C'est le cas pour les activités socioéconomiques liées aux domaines industriel, agricole, municipal, récréotouristique, ou pour les pêcheries, la production hydroélectrique et la navigation commerciale. De plus, en tant que milieux de vie, ils accueillent une grande diversité d'espèces animales et florales.

Cependant, si les cours d'eau ont constitué un facteur prépondérant dans l'amélioration du niveau de vie de la population québécoise, il ont été, en contrepartie, grandement affectés par l'urbanisation et l'industrialisation qui ont accompagné ce développement (Banton et al., 1995). L'idée que le mode de planification traditionnel employé par le gouvernement pour gérer les impacts des activités humaines sur l'eau, c'est-à-dire la gestion sectorielle, n'a pas réussi à conserver un niveau satisfaisant de sa qualité et à instaurer une égalité entre les différents usages qui y sont liés fait l'unanimité. Il est de plus en plus évident que les systèmes de gestion prédominants dans les pays développés ne favorisent pas la résolution de ces problèmes, mais ils contribueraient en outre à les créer et à les entretenir (Jourdain, 1994; Pearse et al., 1985). Pourquoi ce type de gestion a-t-il « manqué à la tâche »? Pour quelles raisons le gouvernement québécois, à l'instar des autres gouvernements des pays développés, a-t-il choisi ce mode de gestion? C'est ce que nous tenterons d'expliquer dans la prochaine section.

1.2   La gestion sectorielle

On dit qu'un mode de gestion est sectoriel lorsqu'il est fondé sur des composantes et des usages de l'eau qui sont séparés les uns des autres (Tremblay, 1996). Ainsi, même si dans la réalité chaque usage a un effet sur l'autre et que chaque modification au système hydrique entraîne une série d'autres changements, ceci n'est pas pris en compte. Pour bien comprendre ce qui a amené le gouvernement à choisir ce modèle de gestion, il est nécessaire d'embrasser le contexte sociopolitique dans lequel il s'insérait.

D'abord, il est important de mentionner que la population québécoise, avant les années 70, se souciait peu des questions environnementales (Tremblay, 1996). La majorité de la population croyait que l'eau était disponible en quantité illimitée et elle était inconsciente de l'impact des diverses activités humaines sur sa qualité (Banton et al., 1995). Cependant, à partir de 1970, les revendications et les pressions exercées par les groupes environnementaux vont commencer à porter fruit, car le gouvernement québécois intégra la protection de l'environnement dans ses politiques publiques (Lepage, 1997). Dès lors, une nouvelle conscience écologique émerge au Québec, comme dans la plupart des pays occidentaux. Cette prise de conscience populaire de la dégradation de l'environnement, des risques pour la santé humaine et des coûts socioéconomiques qui y sont associés, influence fortement le gouvernement à mettre en place une loi générale sur la protection de l'environnement, en 1972, et à créer un ministère de l'environnement, en 1978 (Guay, 1994; Lepage, 1997).

La gestion de l'eau retient particulièrement l'attention du gouvernement, car cette ressource, qui constitue, avec les forêts, le moteur socioéconomique du Québec, a été fortement affectée par le développement (Guay, 1994). Le ministère québécois de l'environnement lance donc, en 1978, le Programme d'assainissement des eaux du Québec (PAEQ) pour améliorer ou conserver la qualité des eaux, ce qui devait répondre aux besoins de la population, et pour obtenir ou maintenir des milieux aquatiques équilibrés, ce qui devait permettre aux ressources biologiques d'évoluer normalement (Québec, 1993). Le PAEQ distinguait trois champs d'activités humaines comme étant les principaux responsables des dommages causés à l'environnement aquatique, soit les secteurs industriel, municipal et agricole.

1.2.1 L'influence de la pensée rationnelle et de la centralisation

Le PAEQ s'intégrait dans un mode de planification plus large, choisi par le gouvernement québécois pour contrôler les impacts des activités humaines sur l'environnement : la gestion sectorielle. Ce modèle d'organisation, utilisé par la plupart des pays développés, tire son origine du courant de pensée « rationnel ». Ce courant de pensée s'inscrit à l'intérieur d'un vaste mouvement international de modernisation, ayant débuté vers 1930, dans lequel la plupart des gouvernements des pays développés ont décidé de centraliser leurs politiques publiques (Barraqué, 1995). Ce processus décisionnel privilégie l'échelon national, plutôt que les niveaux régional et local. Ainsi, au Québec, entre 1960 et 1970, le développement est pensé, organisé et géré par l'État central. Ceci eut pour conséquence de créer une bureaucratie d'État et de renforcer la légitimité du savoir scientifique (Hamel, 1996). Ce mode d'organisation de l'administration publique est caractérisé par une hiérarchisation des emplois, une division marquée des tâches et une sélection des employés basée sur leur expertise (Boudon, 1992).

Selon les principes de ce modèle d'organisation, l'environnement doit être découpé en composantes, de façon à isoler les problèmes

(Barouch, 1989). Le but de cet exercice vise à traiter les problèmes environnementaux rapidement, de façon technique et quantitative, selon une logique déductive. L'analyse de ces problèmes est effectuée à l'aide de trois langages formalistes : économique, scientifique et réglementaire. Ces trois langages formalisés « universels » prétendent s'appliquer à tous les problèmes environnementaux et proposent un cadre pour les résoudre, qui transcende les acteurs et les contextes (Barouch, 1989). L'utilisation de ces langages a eu pour conséquence d'éliminer graduellement les langages locaux, qui traduisaient une connaissance empirique et directe de l'environnement par les populations. Chacun de ces langages possède sa propre interprétation de la réalité, donc sa vision particulière de l'environnement.

Du point de vue économique, un cours d'eau remplit une fonction. Il est considéré comme un outil nécessaire pour le roulement des activités ou comme un canal pour évacuer les eaux contaminées (Barouch, 1989). Ainsi, la ressource doit être contrôlée afin d'en tirer un profit et d'en maximiser le flux produit. Les théories classiques, qui ont servi de modèle au développement des économies occidentales, en justifiant et renforçant ces comportements de maximisation, ont mené à une exclusion des impacts sur l'environnement (Rist, 1996). En effet, l'équilibre du marché s'établit selon des prix qui ne tiennent pas compte des effets externes de l'activité économique sur l'environnement. Ainsi, le prix d'une ressource échangée sur le marché inclut rarement le coût de la reproduction de cette richesse, le coût d'irréversibilité qu'entraîne le développement d'un usage au détriment des autres ou le coût des impacts sur la santé humaine. Par conséquent, les pouvoirs publics ont été conduits, dès le départ, à négliger les questions relatives à la protection de l'environnement (Barouch, 1989).

Le mode de gestion sectorielle privilégie les langages scientifiques et techniques. En effet, les connaissances scientifiques sont utilisées comme cadre d'analyse, car, selon les principes qui fondent ce modèle, elles permettent d'améliorer la qualité et l'efficacité du processus décisionnel des politiques publiques « en tant qu'outil apolitique et objectif» (Hamel, 1996). Dans le cadre de la planification des activités humaines, les modèles théoriques sont donc souvent utilisés pour cerner la situation réelle qui semble prévaloir (Barouch, 1989). Plus souvent qu'autrement, ces modèles théoriques sont utilisés pour gérer l'environnement sans prendre en considération les incertitudes reliées aux données.

Finalement, le troisième langage formaliste sur lequel se base la gestion sectorielle est celui de la réglementation. Le système juridique auquel il se réfère est le résultat d'une adaptation, plus ou moins stable, d'intérêts sociaux divergents, souvent contradictoires, arbitrés par l'autorité publique (Lascoumes, 1993). Pour ce qui concerne particulièrement la ressource hydrique, le droit n'intervient que là où surgissent un ou des conflits d'usage (Girard et al., 1999). Pour en revenir à un contexte plus général sur la protection de l'environnement, on constate que les politiques sont le résultat de compromis et de règles d'organisation beaucoup plus que de normes sur le contenu (Galle, 1993). Les objectifs de celles-ci se présentent donc sous la forme d'énoncés très généraux dont le sens reste à produire par la délibération collective.

Ainsi, contrairement à une croyance généralisée, l'appareil réglementaire ne vise pas à interdire les activités humaines néfastes à l'environnement, mais à les limiter et à les encadrer (Galle, 1993). De plus, la protection de l'environnement ne se situe pas en amont de la décision, mais en aval (Lascoumes, 1993). Finalement, on constate que le processus légal n'identifie pas d'objectifs qualitatifs précis en termes environnementaux, ni ne tente de cadrer précisément les comportements vis-à-vis du milieu (Lascoumes, 1993).

1.2.2 Le cadre législatif et institutionnel de la gestion de l'eau

Le cadre institutionnel et légal entourant la gestion de l'eau, qui existe actuellement au Québec, a été élaboré à l'origine pour appliquer un modèle sectoriel de régulation des activités humaines. Voici, à titre d'exemple, un extrait du rapport de la Commission d'étude sur les problèmes juridiques de l'eau, écrit au milieu des

18

années 70, qui montre l'idéologie défendue par le gouvernement québécois de l'époque :

> Le législateur s'est en effet préoccupé non pas de l'eau mais des usages de celle-ci. En conséquence, l'administration s'est développée suivant la même approche sectorielle, refusant de reconnaître à l'eau le statut de ressource. [...] Plus que l'idéologie politique, c'est la situation de rareté ou d'abondance qui très souvent différencie le type d'administration qu'on applique à l'eau. Là où l'eau se fait rare, l'État depuis longtemps se préoccupe de la gérer soigneusement. En situation d'abondance, c'est le contraire qui se produit le plus souvent. Il n'existe alors aucune préoccupation pour l'eau, l'usage seul faisant objet de réglementation (Québec, 1975, p. 40).

L'une des principales caractéristiques du cadre institutionnel réside donc dans la division du travail de gestion entre les trois paliers gouvernementaux (fédéral, provincial et municipal), et à l'intérieur même de chacun de ceux-ci (Jourdain, 1994). La seconde caractéristique majeure découle du principe suivant : l'eau est un bien commun, c'est-à-dire qu'elle appartient à tout le monde et à personne à la fois (Barraqué, 1997). L'État peut donc régir l'eau au moyen de certaines lois d'intérêt général (Girard et al., 1999), et cette régulation s'effectue en se basant sur les usages que la société fait de cette ressource (Jourdain, 1994).

Ainsi, historiquement, le droit de l'eau est fondé sur un ensemble de lois relevant de compétences spécifiques aux divers usages liés directement ou indirectement à l'eau. L'eau a donc été gérée, et continue de l'être, par la mise en place d'une multitude de lois sectorielles, dont les responsables de leur application sont éparpillés dans plusieurs ministères de chacun des paliers de gouvernement impliqués (Jourdain, 1994). Par exemple, au niveau fédéral, une vingtaine d'institutions gouvernementales ont un rôle à jouer dans la gestion de l'eau, alors qu'au niveau provincial il y a en a une dizaine (Pearse et al., 1985). À ces gestionnaires s'ajoute le réseau des municipalités et des municipalités régionales de comté (MRC). Ce réseau fort complexe d'intervenants s'appuie sur un enchevêtrement d'instruments légaux, développés par chacun des paliers de gouvernement. À chacun de ces échelons, on peut compter au moins une dizaine de lois ayant trait à la gestion de l'eau, et ce sans compter les règlements, les politiques ou les directives (Girard et al., 1999). C'est pourquoi Sasseville (1990) définit la gestion de l'eau comme un « construit institutionnel » dépendant d'un vaste réseau d'intervenants, qui plus souvent qu'autrement constitue un véritable labyrinthe administratif.

1.2.3 L'interaction entre les acteurs

La gestion sectorielle s'appuie sur une conception traditionnelle de l'État qui, en faisant respecter la loi, est perçu comme le garant de l'intérêt général (Lascoumes et Le Bourhis, 1998a). Cependant, plusieurs études démontrent que cette conception du rôle du gouvernement dans la protection de l'environnement n'est que théorique (Galle, 1993; Lascoumes, 1994; Lepage, 1997; Mermet, 1992). En pratique, malgré l'apparence d'une structure institutionnelle et de règles plutôt fixes et rigides, la gestion de l'environnement passe par la négociation entre plusieurs groupes d'individus (Galle, 1993). Plus souvent qu'autrement, ce système formel est contourné et laisse une grande marge de manœuvre aux groupes sociaux qu'il veut réguler. L'application de la gestion de l'environnement se traduit donc par une négociation entre les forces en présence.

Les gestionnaires de la protection de l'environnement doivent donc interagir et négocier avec les groupes sociaux qui jouent un rôle dans l'accomplissement de leur mandat. Plusieurs études démontrent que les décisions en matière d'environnement sont le fruit de l'imbrication de plusieurs logiques différentes qui s'affrontent (Lascoumes et Le Bourhis, 1998b; Galle, 1993). On pourrait imaginer que la confrontation entre les différents points de vue a des effets bénéfiques sur la qualité de l'environnement (Barouch, 1989). Malheureusement, ce n'est pas le cas dans le processus décisionnel inhérent à la gestion sectorielle.

Selon Barouch (1989), la négociation qui accompagne la protection de l'environnement dans la gestion sectorielle est majoritairement de type mono-acteur. Ce type de négociation s'établit lorsqu'un seul groupe d'individus, disposant d'une forte légitimité, impose sa conception des milieux naturels. Ce groupe détient une autorité légale et ses décisions devraient traduire l'intérêt général de la majorité (Lascoumes et Le Bourhis, 1998a). Pour arriver à ses fins, il cherche à se saisir des problèmes et à arbitrer les logiques divergentes de plusieurs groupes d'acteurs par le biais des langages formalisés dont il dispose. Rappelons que, dans le cas de la gestion sectorielle, ces langages sont économiques, techniques et réglementaires.

Dans ce type d'organisation, le processus décisionnel est caractérisé par la restriction des acteurs qui y sont conviés, ainsi que par l'absence de méthodologie formalisée et de procédures permettant l'intégration de nouveaux acteurs (Lascoumes et Le Bourhis, 1998a). Il s'ensuit une négociation discrète avec les défenseurs des intérêts privés qui se caractérise par le silence gardé sur les échanges survenus entre les acteurs. Selon Lascoumes et Le Bourhis (1998a), les acteurs impliqués dans ce mode de gestion de l'environnement se restreignent donc généralement aux fonctionnaires des différents paliers de gouvernement et aux acteurs économiques.

Dans ce genre de négociation, la majorité des acteurs se trouvent exclus du processus décisionnel. Cependant, selon Barouch (1989), l'inclusion de tous les acteurs concernés lors du processus décisionnel est une caractéristique fondamentale pour que la confrontation entre les différents intérêts entraîne des effets bénéfiques sur la qualité de l'environnement. De plus, pour arriver à ce but, les acteurs devraient percevoir l'environnement comme un jeu à somme non nulle où chaque acteur, donc la collectivité, peut améliorer sa position par l'échange d'informations pertinentes et de leurs préférences (Barouch, 1989). Toutefois, dans le modèle traditionnel de gestion, les acteurs se comportent comme si l'environnement était un jeu à somme nulle, c'est-à-dire où l'un gagne ce que l'autre perd. Ils vont donc chercher à tirer parti du rapport de force en gardant l'information pour eux ou en pratiquant le fait accompli.

Cette conception de la prise de décision se concrétise par la multiplication des « faits accomplis » par l'État, conçus délibérément ou perçus comme tels par les autres acteurs exclus du processus décisionnel (Barouch, 1989). Celui-ci pour légitimer ses décisions, emploie donc une rhétorique auto-justificative, qui prend la forme d'études écrans rédigées dans un jargon scientifique et technique incompréhensible pour l'ensemble de la population. Ce comportement prudent et défensif entrave la bonne circulation de l'information. En retour, cette attitude suscite des polémiques et des conflits chez les groupes exclus du processus. Dans la plupart des cas, ce type de processus décisionnel est voué à l'échec, car il est incapable de concilier les parties (Barouch, 1989).

1.2.4 Les échelles spatiales et temporelles

Le contexte sociopolitique de l'époque a fait en sorte que les institutions gouvernementales responsables de la gestion de l'eau ont dû s'accommoder, pour effectuer leurs tâches, d'une division territoriale du Québec n'ayant pas pris en compte les frontières naturelles de l'eau (Tremblay, 1996). En effet, dans le cas de l'eau, l'échelle spatiale la plus appropriée pour la planification des activités humaines et pour l'étude de l'écosystème est le bassin versant (Jourdain, 1994; Pearse et al., 1985; Québec, 1975; Québec, 1993; Tremblay, 1996). Un bassin versant est la région géographique naturelle drainée par un cours d'eau et ses affluents (Parent, 1990). Dans le mode d'organisation sectoriel, la planification des activités humaines s'étale sur une courte période de temps. Cela place les institutions responsables de la gestion de l'eau dans un contexte de crise permanente, car elles doivent réagir sur le coup à chaque problème qui se présente (Jourdain, 1994).

1.2.5 Constats de l'application d'un modèle de gestion sectorielle

On peut dresser une série de constats de l'application de ce mode d'organisation, tiré du courant de pensée rationnel dans lequel chaque gestionnaire a planifié l'utilisation de l'eau selon ses propres orientations, sans se préoccuper des impacts éventuels sur les autres usages de l'eau (Société québécoise d'assainissement des eaux, 1996). Ceux-ci sont multiples tant d'un point de vue écologique, économique que social. Premièrement, la négligence des coûts externes, l'absence de vision à long terme dans la planification des usages et l'utilisation abusive de modèles théoriques basés sur des connaissances scientifiques en perpétuel changement, ont entraîné une détérioration générale de la qualité de l'eau (Barouch, 1989; Jourdain, 1994).

Cette dégradation de l'eau et l'absence de concertation entre les différents acteurs impliqués dans la gestion de l'eau ont entraîné la perte ou la restriction de nombreux usages et mis en danger la survie de plusieurs espèces vivantes (Centre Saint-Laurent, 1996; Québec, 1993). L'absence de vision globale a causé l'apparition de conflits entre les divers gestionnaires et usagers, car il s'est installé une inégalité au niveau du partage de l'utilisation de l'eau (Québec, 1993; Tremblay, 1996). Actuellement, certains usages prédominants affectent la viabilité des autres. Finalement, le cloisonnement des différents ministères a engendré de la méfiance, ce qui empêche leur coopération, qui est pourtant nécessaire pour résoudre les problématiques complexes reliées à l'eau (Barouch, 1989).

1.3   La gestion intégrée

Avant de commencer cette section, il convient d'apporter certaines précisions de nature terminologique. On constate, à la lecture des documents portant sur les nouveaux modèles de gestion de l'environnement, que chaque champ de recherche utilise un terme différent pour les décrire. En effet, les spécialistes des sciences humaines emploieront les termes *gestion concertée* ou *gestion négociée*, alors que les spécialistes des sciences naturelles utiliseront les termes *gestion intégrée, gestion par bassin versant,* gestion *écosystémique* ou *approche holistique* (Barraqué, 1995; Bibeault, 1997; Environnement Canada, 1996; Griffin, 1999; Jourdain, 1994; Kenney, 1999; Lang, 1986; Margerum, 1999; Mermet, 1992; Rhoads et al., 1999; Ruhl, 1999; Tomalty et al., 1994; Tremblay, 1996). Non seulement à l'intérieur d'un même pays plusieurs définitions sont rattachées à chacune de ces appellations, mais la difficulté de séparer ces définitions et ces concepts l'un de l'autre s'accroît à la lecture de recherches provenant de pays différents. Malgré les divergences de langage, c'est un nouveau modèle de gestion de l'environnement similaire à plusieurs points de vue qui est étudié, notamment au niveau de l'intégration de la participation publique et de la concertation entre les acteurs dans le processus décisionnel menant à la planification de l'environnement. Bien que les termes gestion intégrée et gestion écosystémique soient les plus fréquemment cités en ce qui concerne l'eau, le survol de la revue de la littérature effectué dans cette recherche indique que c'est le terme gestion intégrée de l'eau qui est davantage employé au niveau international. Ainsi, en attendant que le débat terminologique soit réglé, et pour éviter toute confusion, c'est le terme gestion intégrée qui a été choisi dans ce mémoire.

Devant les piètres résultats obtenus avec la gestion sectorielle, les principes de base, qui servaient de références aux politiques publiques en environnement, ont été fortement remis en cause (Jourdain, 1994; Pearse et al., 1985; Québec, 1975; Tremblay, 1996). Cela a entraîné l'émergence d'un nouveau concept de planification et de son expérimentation, la gestion intégrée. Ce type de gestion, basée sur la notion de développement durable, prend en compte la complexité des interactions entre les caractéristiques environnementales, sociales, politiques et économiques reliées à l'eau (Barraqué, 1995; Québec, 1993; Tremblay, 1996;).

La gestion intégrée découle donc de la prise de conscience de la complexité entourant la régulation des ressources naturelles qui est nécessaire pour maintenir le développement des sociétés humaines. La complexité entourant plus précisément la gestion de l'eau est liée à trois facteurs (Barraqué, 1995):

- la multitude des acteurs qui y sont impliqués directement ou indirectement;
- l'incertitude des connaissances scientifiques qui rend non opérationnelle l'application des routines;
- le caractère systémique de l'eau qui rend inopérante l'utilisation unique des approches organisationnelles et scientifiques traditionnelles, approches qui visent d'ailleurs à

décomposer les questions abordées en problèmes simples et séquentiels.

Ce nouveau modèle de planification veut donc rendre compte de cette complexité et intégrer les composantes qui faisaient défaut au modèle de gestion sectoriel, soit (Beauchamp, 1998; Jourdain, 1994; Lang, 1986; Tomalty et al., 1994; Tremblay, 1996):

- le maximum d'acteurs concernés et le savoir local lors du processus décisionnel;
- l'harmonisation des unités organisationnelles de l'appareil gouvernemental;
- le principe de subsidiarité;
- le principe de multidisciplinarité, d'interdisciplinarité et de flexibilité dans le processus décisionnel et le processus de recherche;
- l'organisation des politiques publiques et des recherches scientifiques qui se basent sur les échelles spatiales naturelles;
- la planification des actions à long terme.

L'application des principes de la gestion intégrée implique de nombreux changements : les expériences réalisées à travers le monde en brossent un portrait. En effet, en matière de gestion de l'eau, plusieurs pays ont décidé d'appliquer les concepts de la gestion intégrée par bassin versant. Cependant, certains pays ont fait la transition de la gestion sectorielle à la gestion intégrée plus rapidement que d'autres. On peut notamment citer plusieurs pays européens, tels la France, l'Angleterre, l'Allemagne et les Pays-Bas, qui ont implanté la gestion intégrée de l'eau par bassin versant depuis plus de vingt ans (Barraqué, 1995, 1997; COBARIC, 1996; Société québécoise d'assainissement des eaux, 1996; Tremblay, 1996).

Le Canada est en voie de moderniser son système traditionnel pour s'orienter vers ce type de gestion, après 25 ans d'étude et d'expériences diverses (Delisle, 1995). Parmi ces expériences, on peut citer un premier modèle mis en œuvre dans la région des Grands Lacs, les « Areas of concern (AOC) », et un deuxième modèle pour la zone québécoise du fleuve Saint-Laurent, le Plan d'action Saint-Laurent (Tomalty et al., 1994). Ces deux programmes visent à protéger et à récupérer les usages de ces deux étendues d'eau selon une approche écosystémique. À la lumière des études menées à travers le monde, il est possible de tracer un premier portrait des changements qu'implique l'application des principes de la gestion intégrée. Les prochaines sous-sections décrivent ces principaux changements.

1.3.1 Le nouveau contexte sociopolitique

Le changement « idéologique » des gouvernements en ce qui concerne la gestion de l'eau n'est pas apparu spontanément. En effet, même si on savait depuis longtemps que le mode de gestion sectoriel donnait de piètres résultats sur le plan environnemental, comme en font foi les rapports des Commissions Legendre (sur la scène provinciale) et Pearse (sur la scène fédérale), la transition vers un nouveau de mode de gestion a été majoritairement influencée par les circonstances sociopolitiques (Pearse et al., 1985, Québec, 1975). Dans la majorité des pays qui adoptent ce mode de planification, la gestion intégrée par bassin versant est associée à l'émergence d'une décentralisation des pouvoirs de l'État (Barraqué, 1995). Ce phénomène de décentralisation signifie que le gouvernement en place transfère certaines de ses responsabilités et de ses pouvoirs aux instances régionales (Québec, 1997). La plupart des pays européens vivent ce phénomène depuis plus d'une quinzaine d'années, alors qu'au Québec les impacts de la régionalisation commencent tout juste à se faire sentir (Barraqué, 1995; Québec, 1997; Tremblay, 1996). Qu'est-ce qui a entraîné cette vague de décentralisation dans la plupart des pays développés? C'est le sujet qui sera abordé dans les prochains paragraphes.

Depuis le milieu des années 80, les gouvernements des sociétés contemporaines sont en crise de légitimité (Hamel, 1996). En effet, ils ont perdu le monopole et la légitimité de parler au nom de l'intérêt général (Lascoumes et Le Bourhis, 1998a). Les principes de base, issus de la pensée rationnelle, qui servaient de cadre de référence à leurs politiques publiques, ont été remis en cause par plusieurs mouvements sociaux, dont le mouvement écologique (Dunlap et Mertig, 1992; Hamel, 1997; Vaillancourt, 1982, 1992). Au Québec, ces mouvements ont notamment remis en question les structures bureaucratiques, centralisées, rigides et spécialisées qui rendaient inefficaces les moyens mis en œuvre par l'État pour répondre adéquatement aux demandes sociales et environnementales (Gauthier, 1998; Hamel, 1996; Mercier, 1997). Une phrase extraite d'un document officiel du gouvernement du Québec sur la régionalisation, exprime bien ce sentiment que partage la population:

> Les Québécois et les Québécoises veulent des services moins bureaucratisés, plus accessibles et mieux adaptés à leurs besoins et à leurs réalités. Ils remettent en cause la centralisation toujours trop marquée de l'État et la trop grande sectorialisation des services (Québec, 1997, p. 1).

Les groupes sociaux et les pouvoirs locaux revendiquent leurs droits à prendre part davantage au processus décisionnel et militent pour une plus grande transparence de la gestion publique, notamment en matière d'environnement (Hamel, 1997; Lascoumes et Le Bourhis, 1998a). Ces revendications, propres à une démocratie libérale moderne, rejoignent celles relatives à l'application d'un des concepts fondamentaux de la gestion intégrée, celui de la subsidiarité. La subsidiarité est un concept qui se traduit concrètement, au niveau organisationnel, par l'application des politiques rendues par le niveau de gouvernement qui est le plus près de l'action (Mercier, 1997). Les niveaux supérieurs n'interviennent qu'au moment où le niveau immédiat de l'action à poser ne peut suffire à la tâche. C'est notamment ce que revendiquent bon nombre de groupes écologistes québécois en ce qui concerne la gestion de l'environnement, notamment celle relative à l'eau (Mercier, 1997; Simard, 1990).

Dans un contexte de crise financière, le gouvernement du Québec a dû tenir compte de ces nouvelles demandes sociales et réagir en conséquence. Le principe de subsidiarité s'est donc traduit par un mouvement de décentralisation : l'intégration des acteurs sociaux et des usagers dans les prises de décisions, par des procédures de participation publique (Caldwell, 1990; Gauthier, 1998; Hamel, 1993, 1997). Il résulte de tous ces changements sociopolitiques une redistribution du partage des responsabilités et une révision de la configuration institutionnelle (Hamel, 1997). Cela implique une mobilisation des anciens et des nouveaux acteurs à tous les échelons, nationaux, régionaux et locaux, et ceci prévaut également pour ce qui concerne la gestion de l'eau (Bibeault, 1997; Québec, 1997). À l'enseigne du principe de subsidiarité, on peut observer une nouvelle configuration institutionnelle dans laquelle le gouvernement a chargé des instances régionales de planifier et de gérer l'environnement (Lepage, 1997).

Le nouveau modèle de planification se concrétise dans un cadre qui favorise le partenariat entre les divers secteurs de la société: étatique, privé et communautaire (Bélanger et Lévesque, 1992; Hamel, 1993). Il en résulte un recours croissant aux organismes communautaires ou sociaux pour la gestion des problématiques environnementales depuis le début des années 1990 (Chouinard, 1998; Dunlap et Mertig, 1992; Hamel, 1995). Cela a entraîné un changement dans les moyens utilisés par ces organismes pour prôner l'avancement de leurs causes. Ainsi, alors que les groupes écologiques des années 60 à 80 s'évertuaient à faire un contrepoids politique aux modes de fonctionnement des secteurs publics et privés, une bonne partie de la nouvelle génération a choisi la concertation pour faire avancer la cause environnementale (Dunlap et Mertig, 1992; Lepage, 1997). En effet, une bonne partie de cette nouvelle génération, à l'instar de plusieurs autres groupes communautaires, soutient que le secteur public et une partie du secteur privé sont à la recherche d'un nouveau rapport entre l'économie et l'environnement (Lepage, 1997; Lévesques, 1994). Le partenariat et la concertation caractérisent désormais une génération de groupes environnementaux et plusieurs politiques environnementales.

Ce partenariat s'est traduit par une politique de reconnaissance et de financement envers les organismes environnementaux qui collaborent avec le gouvernement (Chouinard, 1998; Lepage,

1997). Au Québec, on peut citer, à titre d'exemple, les Conseils régionaux de l'environnement (CRE), Stratégies Saint-Laurent (SSL) et les comités ZIP. Ainsi, depuis les années 80 on a noté un phénomène d'institutionnalisation de plusieurs organismes sans but lucratif voués à la cause environnementale et de leurs valeurs. Au cours de cette période, ces organismes se sont intégrés jusqu'à un certain niveau dans l'appareil gouvernemental et dans les règles qui régissent le fonctionnement de la société québécoise (Boudon, 1982; Guay, 1994). Ce phénomène n'est pas exclusif au Québec. En effet, dans plusieurs pays européens, la création des agences de l'eau est le fruit d'une institutionnalisation de l'action collective à un niveau local (Barraqué, 1997). De façon similaire, les États-Unis ont adopté divers mécanismes d'intégration des groupes communautaires, sous forme de réglementation, de financement et de cooptation des leaders à partir des systèmes de concertation et de représentation mis en place (Dunlap et Mertig, 1992; Hamel, 1997). Cela aurait modifié l'orientation initiale de multiples groupes sociaux et environnementaux, car les ressources supplémentaires mises à leur disposition impliquent qu'ils acceptent de se soumettre à des contraintes institutionnelles précises (Hamel, 1993).

1.3.2 Une gestion axée sur la négociation entre les acteurs

En ce qui concerne la gestion intégrée de l'eau par bassin versant, les expériences canadiennes et européennes se ressemblent par leur volonté respective de planifier les projets aux niveaux régional et local, ainsi que par la diversité des acteurs intégrés dans le processus décisionnel (Armour, 1990; Barraqué, 1995, 1997; Hartig et Zarull, 1992a; Lascoumes et Le Bourhis, 1998b). En effet, les organismes responsables de ces projets constituent des lieux où les acteurs de différents champs d'intérêt sociaux sont amenés à se concerter sur les problématiques environnementales de leur région. En fait, ces comités peuvent réunir à la même table des intervenants provenant des milieux environnemental, industriel, municipal, gouvernemental et socioéconomique (Boyer, 1988; Mermet, 1992; Simard, 1990). L'idée qui préside à la mise en place de ces lieux de discussion et de confrontation repose sur la conviction que ceux-ci amèneront nécessairement les acteurs et les usagers à négocier entre eux et à faire des compromis (Beauchamp, 1998). Ainsi, comme la plupart des pays développés, les nouveaux modèles sur lesquels se base le gouvernement québécois pour gérer l'environnement sont centrés sur la négociation entre les acteurs (Bibeault, 1997; Lascoumes et Le Bourhis, 1998a).

La gestion de l'environnement passerait par conséquent d'un type de négociation mono-acteur à un type multi-acteurs. Alors que, dans le cas de la gestion sectorielle, l'intérêt général est déterminé par la relation légalement établie entre les représentants gouvernementaux et le pollueur, celui-ci est défini, dans le cas de la gestion intégrée, selon un espace géographique et une multitude d'acteurs (Lascoumes et Le Bourhis, 1998a). La gestion intégrée suppose donc une scène commune qui place face à face plusieurs acteurs également détenteurs de la légitimité à dire l'intérêt général, et qui rend possible la mise en équivalence et la confrontation des définitions concurrentes.

L'ensemble de la procédure se distingue donc par son caractère conflictuel. Cependant, elle rendrait possible l'insertion de nouveaux acteurs, la prise en compte des intérêts divergents et une circulation de l'information plus grande (Lascoumes et Le Bourhis, 1998a). Cette réactivation permanente du « point de vue général », lorsqu'elle domine les divergences entre les acteurs, serait la clé du succès de ce processus.

1.3.3 La nouvelle vision du rôle de la science dans les problématiques environnementales

Plusieurs différences fondamentales entre la gestion sectorielle et la gestion intégrée découlent d'un changement dans la conception du rôle de la science dans la résolution des problématiques environnementales. En effet, dans la gestion sectorielle, le gouvernement s'en remet surtout à la science dans le processus décisionnel pour que les décisions prises soient perçues comme neutres et exemptes d'influence politique (Stone et Levine, 1988). Cela prévaut particulièrement dans les décisions relatives aux politiques publiques de protection de l'environnement. Cependant, socialement, l'utilisation de l'expertise scientifique, en tant que moyen permettant de solutionner tous les maux environnementaux, a été décriée et remise en question, essentiellement pour deux raisons. Premièrement, la population et les acteurs sociaux ont pris conscience de l'incertitude des données scientifiques (Gauthier, 1998; Hamel, 1996). En effet, les professionnels et les scientifiques eux-mêmes ont reconnu les limites des modèles prévisionnels qui sont constamment utilisés dans la planification de type sectoriel (Gauthier, 1998). Les connaissances scientifiques se révèlent donc partielles et ne sont plus considérées comme des certitudes définitives (Hamel, 1996). Elles sont relatives, car on peut les interpréter : elles s'ouvrent sur l'univers des jeux du langage et on ne peut les réduire à un point de vue unique.

La population a pris conscience des rapports que les professionnels et les scientifiques entretiennent avec le pouvoir. En effet, la production de connaissances sert parfois à légitimer les intérêts particuliers. En politique notamment, la science a souvent permis de vaincre un opposant ou de faire pencher une décision vers le choix désiré (Milbrath, 1988). Un cas saisissant est mentionné par Stone et Levine (1988), qui ont analysé la controverse environnementale du « Canal Love ». Dans ce cas, il a été démontré que la science a été utilisée à des fins politiques. Ainsi, la population et les acteurs sociaux remettent en question l'objectivité des discours scientifiques (Gauthier, 1998; Hamel, 1996). C'est l'objectivité scientifique, en tant que valeur qui transcende les intérêts particuliers des chercheurs, qui a été remise en cause. De fait, ce qui est dénoncé, c'est l'inclination technocratique qui conduit les professionnels et les experts à se substituer aux débats publics et aux jugements des citoyens (Hamel, 1997).

Historiquement, les recherches sur l'environnement, à l'instar de l'organisation des instances gouvernementales, ont été élaborées de manière sectorielle. En effet, les différentes composantes de l'environnement ont été étudiées séparément. Rares sont les recherches qui ont porté sur les interactions entre cet ensemble complexe (Jollivet et Pavé, 1993). Cependant, l'environnement ne se résume pas à une liste d'éléments séparés les uns des autres : il demeure un ensemble de composantes inter reliées en un système complexe. De plus, même si l'environnement comprend les systèmes humains, la division qui existe entre les sciences naturelles et les sciences humaines a fait en sorte que les dimensions sociales n'ont été que rarement prises en compte (Jollivet et Pavé, 1993).

Tous ces constats et ces remises en question sur la conception de la science et sur la façon d'aborder les problèmes de la recherche en environnement ont entraîné l'émergence d'une nouvelle vision du rôle de la science que l'on retrouve dans le concept de gestion intégrée. Celui-ci reconnaît en premier lieu les limites de la science qui sont inhérentes à la société et à l'époque dans lesquelles elle s'insère. Ce mode de gestion de l'environnement considère l'humain et ses activités comme une composante intrinsèque de l'écosystème (Jourdain, 1994). Ainsi, la prise en compte des facteurs sociopolitiques y devient tout aussi importante que celle des connaissances scientifiques.

Deuxièmement, la gestion intégrée recommande d'aborder la collecte des données et le processus décisionnel sous un angle multidisciplinaire et interdisciplinaire (Jollivet et Pavé, 1993). Cela suppose une meilleure intégration de l'information et une plus grande coopération entre les fournisseurs d'information, amateurs ou experts (Tomalty et al., 1994).

Une troisième caractéristique importante de la gestion intégrée est l'intégration du savoir local. Le savoir local est ici considéré aussi nécessaire à la prise de décision que celui des experts, car il traduit une connaissance empirique des milieux par ses utilisateurs (Barouch, 1989). Il y a donc un langage fondé sur une connaissance directe du milieu par les populations locales et des langages conçus par des acteurs « spécialisés » qui médiatisent cette réalité au nom du plus grand nombre. Considérer ces deux types de langage s'avère nécessaire, car l'un intègre l'expérience locale et l'autre synthétise la science et le savoir-faire national (Barouch, 1989).

Quatrièmement, ce nouveau concept de gestion reconnaît l'incertitude reliée aux données scientifiques. Il préconise donc une flexibilité dans le processus de recherche et décisionnel afin de faciliter l'intégration de nouvelles informations et une meilleure adaptation à la réalité (Environnement Canada, 1996; Tomalty et al., 1994). La gestion intégrée est amenée à adopter une vision scientifique et une planification des actions à plus long terme et des actions préventives (Jourdain, 1994). Cette vision à long terme veut dépasser la vision prédominante de l'économie libérale en prévoyant les coûts externes et les effets cumulatifs du développement sur l'environnement. L'approche préventive propose donc la prise en compte du principe de précaution et de l'équité intergénérationnelle. Pour rapporter la complexité des milieux naturels et leur caractère systémique, la gestion intégrée privilégie une organisation des politiques publiques et des recherches scientifiques qui prennent en considération leurs échelles spatiales (Tomalty et al., 1994). Ainsi, dans le cas de la gestion d'un cours d'eau, l'unité pour la division du territoire qui devrait servir de base est le bassin versant (Jourdain, 1994; Tremblay, 1996).

1.4   Problématique spécifique de la recherche

En consultant la documentation traitant du sujet, on constate que, au Québec, la gestion intégrée est mentionnée comme le modèle idéal de planification de l'eau depuis plus d'une vingtaine d'années (Québec, 1975, 1993; Société québécoise d'assainissement des eaux, 1996). En effet, le premier rapport recommandant son application, le rapport de la Commission Legendre, date du début des années 70 (Québec, 1975). Cependant, malgré son acceptation unanime et un début de « virage » vers la gestion intégrée, l'ancien modèle de gestion de l'environnement semble prédominer encore. Selon Delisle (1995), certains volets de la gestion de l'eau seraient soumis aux règles de la planification sectorielle, alors que d'autres à celles de la planification intégrée.

Quels sont les obstacles à l'application de la gestion intégrée? Quelles sont ses limites? Comment applique-t-on concrètement le concept théorique de la gestion intégrée? Au Québec, peu de recherches se sont penchées sur ces problèmes. Pourtant, répondre à ces questions s'avère capital, car le gouvernement provincial, qui prône une politique de décentralisation, privilégiera fort probablement ce modèle de gestion et pourrait l'étendre, dans un proche avenir, à l'échelle nationale.

Dans plusieurs régions du Québec, diverses expériences de gestion intégrée sont en cours depuis une dizaine d'années (Gangbazo, 1996; COBARIC, 1996; Tomalty et al., 1994). Cependant, parmi ces expériences, le PASL, en tant que programme de protection et de récupération des usages du fleuve Saint-Laurent, est cité par plusieurs auteurs comme un modèle exemplaire, car il inclut la plupart des principes de la gestion intégrée (Burton, 1997a; Delisle, 1995; Tomalty et al., 1994). Ce programme de protection comporte plusieurs volets : l'un de ceux-ci concerne la participation des acteurs locaux dans la gestion du fleuve Saint-Laurent : le programme ZIP.

Plus précisément, le programme ZIP vise à rassembler le maximum d'acteurs concernés par l'environnement. Les projets mis de l'avant, qui concernent la protection de chaque tronçon fluvial et la récupération de leurs usages, doivent faire l'objet d'une décision concertée. En fait, ces comités regroupent des intervenants sociaux issus des milieux environnemental, industriel, municipal, socioéconomique et des civils (Stratégies Saint-Laurent, s.d. b). De plus, malgré l'ampleur du bassin versant du fleuve Saint-Laurent, une dizaine de lieux régionaux ont été instaurés sur la base d'une méthode de délimitation du territoire qui inclut les composantes écologiques et socioéconomiques (Burton, 1991). Le programme ZIP est donc caractéristique par sa volonté de planifier, au niveau régional, la protection du fleuve Saint-Laurent selon un processus de concertation mobilisant une multitude d'acteurs aux intérêts diversifiés. Même si les expériences de gestion intégrée, tels les programmes PASL et ZIP, sont relativement récentes, il est nécessaire de porter un jugement critique sur celles-ci afin de pouvoir cerner les blocages qui nuiraient à la protection de l'environnement.

Cette recherche vise donc à améliorer les connaissances empiriques sur la gestion intégrée et à cerner les obstacles qui pourraient nuire à son application en étudiant le fonctionnement de deux organismes régionaux : les comités ZIP intégrés au PASL. Pour atteindre ces objectifs, deux questions se posent : 1) comment les comités ZIP, en partenariat avec les instances gouvernementales, en viennent-ils à gérer les problématiques environnementales de leur région?; 2) quels obstacles et quelles limites ces organisations rencontrent-elles dans le cadre de leur mandat?   Cette recherche fait l'hypothèse qu'il est possible d'atteindre ces objectifs et de répondre à ces questions, d'une part, en analysant le contexte organisationnel de ce système humain et les individus qui y oeuvrent et, d'autre part, en comparant les résultats obtenus à ceux d'autres études connexes.

CHAPITRE II

CADRE THEORIQUE ET METHODOLOGIE

2.1   La double origine de la notion d'environnement

Jusqu'à tout récemment, les questions environnementales relevaient du domaine des sciences naturelles et n'impliquaient que de façon marginale les spécialistes des sciences humaines. Pourtant, bien qu'ils soient de nature biophysique, les problèmes environnementaux sont fortement influencés par les systèmes humains. En effet, les dimensions politique, sociale et économique ont une influence certaine sur les problématiques environnementales. Selon Lascoumes (1994), l'environnement, tel que l'humain le perçoit, est d'abord une construction sociale, une nature travaillée par la politique. Ainsi, l'environnement aurait acquis une visibilité sociale et aurait constitué un problème à partir du moment où des groupes d'acteurs sociaux en ont fait un objet de revendications. Cela montre la double origine de la notion d'environnement : l'une, ancienne et scientifique; l'autre, récente et sociale. L'origine scientifique renvoie à la connaissance du milieu naturel, alors que l'origine sociale renvoie plutôt à la prise de conscience d'un certain nombre de problèmes environnementaux que pose le développement des sociétés humaines (Jollivet et Pavé, 1993).

Malgré cette double origine de la notion d'environnement, les dimensions sociales n'ont été que rarement prises en compte dans les recherches sur l'environnement. De plus, la plupart des problèmes environnementaux ont été abordés ou traités selon une logique déductive, rarement selon une logique inductive (Barouch, 1989). Cette tendance à privilégier l'analyse du « pourquoi » au détriment du « comment » a laissé dans l'ombre les processus réels par lesquels le problème perdure.

En raison de la quasi-absence de ponts entre les sciences naturelles et les sciences humaines, la résolution des problèmes environnementaux est donc longtemps demeurée partielle, et les solutions apportées sont inappropriées pour appréhender la réalité qui est complexe (Barouch, 1989). Il apparaît pourtant essentiel, pour l'avancement de la recherche en environnement, que les traditionnelles oppositions entre une logique du développement humain et celle d'une préservation de la nature soient dépassées. Malgré cela, ces oppositions simplistes continuent souvent à cohabiter dans l'esprit de la communauté scientifique. Comme le mentionnent Jollivet et Pavé (1993, p. 8) :

> Quand ils emploient le terme d'environnement, les spécialistes des sciences de la nature continuent implicitement de penser « milieux » et « nature »; les spécialistes des sciences sociales, de leur côté, pensent « débat social » et « problème de société ». Cette dichotomie réductrice ne correspond pas à la nature des problèmes à traiter : les problèmes d'environnement sont tout à la fois des problèmes naturels à dimensions sociales et des problèmes de sociétés à dimensions naturelles. C'est cette double nature que la recherche doit rendre compte.

La gestion de l'eau au Québec, et la complexité des nombreux systèmes humains qu'elle implique, est un champ de recherche fournissant un bel exemple de cette double nature à étudier. Pourtant, rares sont les études qui poursuivent l'objectif de comprendre la manière dont les acteurs de ces organisations s'y prennent pour gérer concrètement cette richesse naturelle, essentielle au développement de notre société. Les études de ce type, portant sur la manière dont est appliquée la gestion intégrée, sont encore plus rares.

Des connaissances insuffisantes sur ces systèmes d'action développés par les humains peuvent mener à l'échec des politiques, des actions ou des décisions environnementales (Barouch, 1989). Dans la nouvelle configuration institutionnelle, qui tend à la régionalisation, c'est-à-dire au transfert de compétences du pouvoir central vers les régions, connaît-on la manière dont les divers acteurs impliqués, tels l'État, les intervenants du milieu et les usagers, s'y prennent pour réguler la gestion de l'eau? Comment au niveau régional, les comités ZIP en viennent-ils à s'intégrer dans ce nouveau système humain dont le but est d'assurer une gestion de l'eau plus intégrée? Quels sont les facteurs reliés au succès de ces organismes? Quels sont les obstacles qui peuvent entraver leur développement? Les réponses à ces questions sont importantes, car elles peuvent, d'une part, susciter ou faciliter la négociation entre les acteurs et, d'autre part, permettre d'évaluer ces expériences régionales de gestion intégrée de l'eau.

2.2 L'utilisation d'une approche systémique

Les organismes impliqués directement ou indirectement dans la gestion de l'eau se structurent et évoluent selon des variables sociales, environnementales, économiques et politiques propres à leur milieu. En raison de cette complexité, ces systèmes humains ont avantage à être étudié selon une approche systémique. La systémique regroupe un ensemble de méthodes d'analyse des problèmes perçus comme complexes à des fins d'intervention sur un système humain (Barouch 1989).

Nous ferons appel dans ce mémoire, à l'analyse stratégique, qui fonde sa méthode sur l'approche système-acteur, une branche de la systémique (Crozier et Friedberg, 1977; Friedberg, 1994).

Plusieurs auteurs ont analysé la régulation des problématiques environnementales à partir de ce cadre d'analyse, utilisée fréquemment en sociologie des organisations (Chouinard, 1998; Lascoumes et Le Bourrhis, 1998a, 1998b; Latour et Le Bourhis, 1995). En effet, les organismes impliqués dans la gestion de l'environnement sont des organisations au même titre qu'une entreprise ou une école. Comme les autres types d'organisation, ils sont orientés vers un but commun et, pour répondre à leur mission, ils doivent assurer la coordination des actions individuelles. En ce sens, l'analyse stratégique permet de jeter un éclairage intéressant et nécessaire sur la compréhension des rapports entre acteurs individuels et acteurs collectifs, qui mènent à l'action collective ou organisée (Crozier et Friedberg, 1977). En se basant sur l'approche systémique, elle propose une méthode spécialisée pour poser le diagnostic et définir l'intervention au sein des organisations humaines (Friedberg, 1994). Elle apparaît donc appropriée à cette étude, qui vise à comprendre la manière dont les comités ZIP instaurent une régulation de la gestion des milieux aquatiques en région.

2.3   L'analyse stratégique

Pour faciliter la compréhension du lecteur, cette section présente à la fois le cadre théorique et la méthodologie de l'analyse stratégique.   Selon la vision de ce cadre d'analyse, l'action collective d'un ou de plusieurs groupes humains n'est pas un phénomène naturel, mais bien un problème que les individus ont à résoudre pour réaliser des objectifs communs (Crozier et Friedberg, 1977).   Selon Michel Crozier et Erhard Friedberg, les artisans qui ont conçu cet outil de recherche, la compréhension des problèmes et des difficultés organisationnelles rencontrées passe par l'analyse des systèmes humains.   En caricaturant, il s'agit de chercher les explications aux phénomènes observés dans le contexte où sont insérés les individus.   En d'autres termes, l'étude de l'ensemble des relations qui s'établissent entre les individus et des contraintes de leur environnement devrait permettre de comprendre le système. Le but recherché par l'analyse stratégique, c'est la manière dont les êtres humains résolvent le problème de leur coopération dans un ensemble organisé (Crozier et Friedberg, 1977).   L'analyse stratégique privilégie donc la recherche du comment sur la recherche du pourquoi.

Trois grands principes caractérisent l'analyse stratégique : son approche inductive, sa préférence pour la recherche qualitative et son souci de comparaison. Cette méthode est inductive, car elle ne cherche pas à vérifier des hypothèses développées de façon générale. Cela implique le refus de tout raisonnement et de toute solution *a priori* : « On ne cherche pas à vérifier des hypothèses développées de façon générale et hors contexte, on cherche à reconstruire « de l'intérieur » la logique et les propriétés particulières d'un ordre local » (Friedberg, 1994, p. 141). Elle privilégie donc la découverte du terrain et de sa structuration, toujours particulière et contingente, pour développer des modèles descriptifs et interprétatifs qui collent à la réalité.

Les résultats obtenus proviennent du vécu et de la perception des individus impliqués dans la situation étudiée (Gauthier, 1993). C'est à partir de ces données que le chercheur élaborera des hypothèses pour expliquer le phénomène. Ainsi, contrairement à l'approche déductive, qui s'élabore à partir d'une théorie initiale, l'approche inductive amène le chercheur à forger une théorie seulement après avoir recueilli des données. Cependant, les deux approches alterneront dans l'analyse et l'interprétation des résultats. En effet, « le but du chercheur n'est pas de juger les phénomènes de son point de vue, mais de comprendre comment fonctionne l'ensemble humain qu'il étudie pour ensuite se poser la question sur le pourquoi des situations observées » (Friedberg, 1988, p. 105).

La deuxième caractéristique de l'analyse stratégique est qu'elle privilégie une étude qualitative des données : « Le premier instrument d'analyse dans cette perspective est donc bel et bien l'étude monographique et clinique qui seule est capable de saisir et de représenter toute la richesse et la complexité d'un terrain donné » (Friedberg, 1994, p. 142). Cet outil de recherche permet de simplifier le réel pour l'analyser et mieux le comprendre. Contrairement à l'approche quantitative, pour laquelle la question de recherche demeure inchangée au cours de la collecte des données, la question de recherche, dans le paradigme qualitatif, peut changer en cours de route (Gauthier, 1993). Cette caractéristique favorise une étude plus approfondie de certains aspects particuliers du problème et l'élaboration d'une théorie plus proche de la réalité.

Cependant, quelle que soit la qualité d'une enquête, elle ne permet pas de distinguer entre les résultats de pure contingence locale de ceux qui sont significatifs des problématiques plus générales (Friedberg, 1994). C'est pourquoi – et cela constitue la troisième caractéristique de l'analyse stratégique - l'étude de cas n'est pas seulement clinique, elle est aussi comparative. Dans ce type de recherche, les échantillons sont les entretiens effectués avec les membres de la situation étudiée. Tous ces témoignages sont inévitablement subjectifs, car ils ne reflètent pas la réalité « objective », mais la façon dont l'individu la perçoit et la vit (Friedberg, 1988).

Toutefois, c'est ce que veut analyser le chercheur, car toutes ces subjectivités constituent la trame même de la réalité organisationnelle qui n'apparaît pas au niveau formel. C'est donc la comparaison entre les multiples témoignages recueillis, souvent contradictoires, qui autorise le chercheur à dépasser la subjectivité de chacun et à reconstituer l'ensemble du système humain de l'organisation (Friedberg, 1988). En effet, elle lui permet de sélectionner les faits significatifs qui dépassent la seule contingence locale pour se situer à un premier niveau de généralisation. Un deuxième degré de comparaison peut s'ajouter lorsqu'il est possible de mettre en parallèle les résultats de plusieurs études concernant des champs proches (Friedberg, 1994).

2.3.1 La méthodologie

La méthodologie de l'analyse stratégique repose sur trois grandes étapes : la collecte des informations du cadre formel, la collecte d'informations du système informel et leur analyse. Pour recueillir les données de cette étude, quatre sources d'informations ont été utilisées: les documents officiels, la revue de presse, les entretiens semi-directifs et l'observation directe. Les documents officiels ont servi à analyser le cadre formel des comités ZIP étudiés, alors que la revue de presse, les entretiens semi-directifs et l'observation directe ont servi à analyser leur cadre informel. Les sous-sections suivantes décrivent en détail les trois étapes de l'analyse stratégique ainsi que les prémisses théoriques qui les accompagnent.

2.3.1.1 La collecte d'informations du cadre formel

Une organisation doit, pour atteindre ses objectifs, assurer la coordination des actions individuelles. C'est pourquoi, les organismes se dotent d'un cadre officiel qui est constitué de règlements de fonctionnement, d'une forme de système d'autorité, d'un système de communication et/ou d'une distribution des tâches (Bernoux, 1985). Cette liste de caractéristiques du cadre officiel d'un système humain n'est pas exhaustive, mais elle permet de tracer un portrait relativement complet des bases sur lesquelles se forgent les règles formelles.

Selon la structure organisationnelle choisie, les membres se verront attribuer une tâche ou une position d'autorité particulière (Bernoux, 1985). La multitude de choix possibles amène une grande diversité dans les formes d'organisations humaines. En effet, dans une même société, peut cohabiter un organisme doté d'un système hiérarchique « pyramidal », comme la plupart des entreprises privées, et d'un système hiérarchique « horizontal », comme la plupart des organismes communautaires. Lorsqu'il existe, l'organigramme donne un aperçu rapide de la structure organisationnelle choisie par les fondateurs (Bernoux, 1985). Les règlements généraux et les documents officiels complètent la trame officielle de l'organisation.

L'environnement d'une organisation influence également ses activités et le comportement de ses membres (Morgan, 1989). Les contraintes qu'il lui fait subir sont d'ordre économique, technique et social. Le cadre formel d'une organisation peut être défini comme étant l'ensemble des caractéristiques officielles de sa structure et des contraintes de son environnement. La première étape de l'analyse stratégique consiste donc à prendre connaissance de ce cadre formel. La connaissance des règles formelles est importante, car elles constituent la trame de fond du système mis en place pour faciliter la coopération entre les membres. Ces règles influencent le contexte de l'action des membres en leur imposant certaines limites (Galle, 1993).

Ainsi, dans cette étude, les documents qui ont servi à la description du cadre formel proviennent de chacun des niveaux du programme ZIP, soit des deux comités ZIP étudiés, de Stratégies Saint-Laurent et des partenaires gouvernementaux (appendice A).

2.3.1.2   La collecte d'informations du système informel

Malgré les apparences, une organisation est un système humain beaucoup plus complexe que ne le laisse paraître le cadre officiel. Il est aisé d'en comprendre la raison. En effet, une organisation est d'abord composée d'individus autonomes possédant des façons de penser différentes. Le cadre formel ne peut résoudre tous les imprévus rencontrés par ses membres. Ces derniers développeront un système informel parallèle au cadre formel afin de palier aux difficultés propres à toute activité collective (Crozier et Friedberg, 1977). Une image souvent faussée de l'action organisée est véhiculée. En général, on surévalue la rationalité du fonctionnement des organisations, parce que l'on a tendance à oublier que ceux qui les gèrent sont des humains.

Dans la réalité organisationnelle, on s'aperçoit que les règles formelles ne sont pas fixes : elles sont négociables et redéfinies périodiquement par les acteurs au sein de l'organisme (Crozier et Friedberg, 1977). En fait, la structure officielle apparente et celle qui est développée pour faire face à la réalité quotidienne d'une organisation sont généralement fort différentes. Bien que l'analyse du cadre formel fournisse des informations intéressantes, il est nécessaire d'approfondir davantage la question pour comprendre le fonctionnement réel d'une organisation. Dans la poursuite de cet objectif, la revue de presse et des documents sur les acteurs qui gravitent autour des comités ZIP a constitué une première étape (appendice A). Cependant, pour saisir ce dernier dans sa totalité, il faut étudier directement le cadre informel développé par les acteurs.

Cela nous amène à décrire la prochaine et principale étape de l'analyse stratégique : la collecte des informations du système informel à travers l'enquête exploratoire.

Le but principal de l'enquête exploratoire est de réunir les informations susceptibles d'éclairer la dynamique des rapports humains qui sous-tendent et façonnent l'organisation (Friedberg, 1988). Il faut pour cela comprendre avec exactitude les perceptions, les sentiments et les attitudes des acteurs dans l'organisation. Le seul moyen de recueillir ces informations consiste à s'adresser directement aux acteurs du système humain étudié. Une série d'entretiens semi-directifs est donc effectuée avec un nombre de personnes limité. Cet échantillon de personnes doit être soigneusement choisi et refléter toutes les situations que l'on peut rencontrer dans l'organisation (Friedberg, 1988). Pour les fins de cette étude, 35 entretiens semi-directifs d'une durée approximative de 60 minutes chacun, ont été effectués auprès des acteurs inclus dans la sphère des deux comités ZIP étudiés. Les personnes interrogées se sont prêtées au jeu en répondant à l'ensemble des questions posées.

Il est important de souligner que cette enquête préserve l'anonymat des individus. Lors de la transcription, les informations trop précises qui pouvaient permettre de retracer l'identité des organismes ou des individus ont été supprimées. Les entretiens n'ont pas été enregistrés pour gagner la confiance des personnes interrogées. Un sentiment de défiance aurait pu altérer la quantité et la qualité des informations recueillies. La transcription des informations a donc été préférée. Le questionnaire utilisé à cette fin suit le modèle décrit par Erhard Friedberg dans « L'analyse sociologique des organisations », paru en 1988 (appendice B). L'observation participante des acteurs est une source d'informations supplémentaires qui permet au chercheur d'analyser les interactions entre les personnes et leur façon d'agir à l'intérieur du système d'action (Deslauriers, 1991). Dans cette étude, l'observation participante s'est traduite par une présence à certaines réunions du conseil d'administration des comités ZIP étudiés et de Stratégies Saint-Laurent, à des réunions liées à l'organisation d'une consultation publique ainsi qu'à une consultation publique.

2.3.1.3   L'analyse et l'interprétation des résultats

À l'étape de l'analyse et de l'interprétation des résultats, toutes les informations « subjectives » transmises par chacun des acteurs sont analysées afin de tracer un portrait d'ensemble de la situation organisationnelle.   En comparant les multiples témoignages recueillis, on dépasse la subjectivité de chacun et on reconstitue un ensemble organisationnel humain (Friedberg, 1988). Pour faciliter l'analyse de ces résultats, une fiche a été remplie pour chacun des acteurs interrogés (appendice C).   Les faits significatifs qui dépassent la seule contingence locale sont alors sélectionnés pour en arriver à un premier niveau de généralisation. Parallèlement, une comparaison entre le système informel mis en place par les acteurs et le cadre formel de l'organisation est établie. Il est alors possible d'identifier les facteurs qui stabilisent le système humain étudié. Ceux-ci peuvent entraîner le succès ou, au contraire, causer un blocage dans le fonctionnement de l'organisation.

Un deuxième degré de comparaison a été ajouté dans cette étude par la mise en parallèle des résultats obtenus avec d'autres recherches connexes. En effet, il a été possible de répertorier, notamment, une recherche québécoise et diverses études françaises portant sur les problématiques reliées à la protection de l'eau et de l'environnement. La méthodologie employée pour les fins de ces recherches repose sur l'analyse du système-acteur (Chouinard, 1998; Lascoumes et Le Bourhis, 1998a; Latour et Le Bourhis, 1995; Mermet, 1992). L'étape de l'interprétation des résultats favorise un jugement critique sur le cadre théorique. C'est également à cette étape que l'on peut tracer un portrait du fonctionnement de l'organisation et soulever les difficultés qui s'y rapportent (Friedberg, 1988). Pour interpréter les nombreuses données recueillies, l'analyse stratégique se fonde sur plusieurs concepts de base, qui sont décrits dans la section suivante.

2.3.2 Concepts de base

2.3.2.1   L'acteur

L'analyse stratégique accorde une place importante aux acteurs d'une organisation. Elle considère qu'un individu est un acteur de par sa simple appartenance au contexte d'action étudié, dans la mesure où son comportement contribue à le structurer (Friedberg, 1994). Trois postulats de l'analyse stratégique expliquent pourquoi et comment les acteurs peuvent influencer le fonctionnement d'une organisation. Un premier postulat affirme que les acteurs d'une organisation conservent toujours une certaine marge de liberté qu'ils peuvent utiliser au besoin. Selon les auteurs de l'analyse stratégique, ils sont donc capables de calcul et de s'adapter à divers contextes d'action (Crozier et Friedberg, 1977; Friedberg, 1994). Ils n'acceptent jamais d'être traités totalement et uniquement comme des instruments au service de l'organisation :

> Malgré certains efforts de visionnaires acharnés à réaliser leurs rêves technocratiques, la réalité n'a jamais approché même de très loin cette fiction. Toutes les analyses un peu poussées de la vie réelle d'une organisation ont révélé à quel point les comportements humains pouvaient y demeurer complexes et combien ils échappaient au modèle simpliste d'une coordination mécanique ou d'un déterminisme simple (Crozier et Friedberg, 1977, p. 41).

En effet, chaque membre d'une organisation définit ses propres objectifs (Bernoux, 1985). Ceux-ci ne sont pas forcément opposés aux objectifs de l'organisation, mais ils sont tout de même propres à chacun des acteurs. Même dans l'organisation la plus « rationnelle » en apparence, les responsables de différents niveaux adoptent des stratégies particulières. Par exemple, dans une usine, les dirigeants, les gérants ou les ouvriers ont des objectifs et des moyens d'action qui ne coïncident jamais exactement. Pareillement, pour un poste donné, deux individus ne concevront pas nécessairement leur rôle et les moyens pour le remplir de la même façon. La formation d'origine des individus entraîne souvent une incompréhension entre eux en raison des différents langages et des méthodes utilisées (Barouch, 1989).

Il n'y a donc pas de rationalité unique : « Chacun poursuit ses propres objectifs et l'organisation vit avec cette multiplicité plus ou moins antagoniste » (Bernoux, 1985, p. 120). Selon l'analyse stratégique, chaque acteur peut exercer une influence sur la structure de son organisation, car peu importent les règles formelles imposées, il garde toujours un minimum de liberté, qu'il peut utiliser pour contourner un aspect lui semblant indésirable. Chacun des acteurs est porteur d'une rationalité, car il est capable de calcul et d'adopter un comportement « stratégique » (Friedberg, 1994).

Cependant, cette rationalité est limitée : nul individu ne peut en effet analyser toutes les informations d'une situation donnée et ne dispose d'une liberté totale pour optimiser ses choix : « Devant tenir compte des stratégies des autres et des multiples contraintes de l'environnement, aucun acteur n'a le temps ni les moyens de

trouver la solution la plus rationnelle pour atteindre ses objectifs »
(Bernoux, 1985, p. 122). Dans un tel contexte, il choisira la
première solution qui est la plus satisfaisante pour lui. Il faut
mentionner que, dans une situation donnée, il y a toujours plusieurs
solutions possibles. « La » meilleure solution n'existe que sur
papier. De plus, cette rationalité est contingente, car un système
humain est en perpétuelle évolution et les stratégies de chacun
peuvent changer (Crozier et Friedberg, 1977). La rationalité limitée
et contingente des acteurs est le deuxième postulat sur lequel
repose l'analyse stratégique.

2.3.2.2 Le pouvoir

Le troisième postulat de l'analyse stratégique de l'action collective
situe les relations de pouvoir entre les acteurs au coeur de toute
compréhension organisationnelle. « Il s'agit d'une vision des
rapports humains comme médiatisée par des relations de pouvoir,
c'est-à-dire par des relations d'échange inégal qui comportent
toujours un noyau de négociation » (Friedberg, 1994). Par pouvoir,
on entend ici la capacité pour certains individus ou groupes de
personnes d'agir sur d'autres individus ou groupes de personnes
(Bernoux 1985). Puisque agir sur autrui, c'est entrer en relation
avec lui, le pouvoir est défini comme une relation d'échange entre
au moins deux individus. Le pouvoir est « un rapport de force, dont
l'un peut retirer davantage que l'autre, mais où, également, l'un
n'est jamais totalement démuni face à l'autre » (Crozier et
Friedberg, 1977, p. 69).

La notion de pouvoir est considérée ici comme une dimension irréductible et parfaitement normale de tous rapports humains, qu'ils soient conflictuels ou coopératifs. Cette banalisation et cette normalisation du pouvoir ont pour effet d'inclure dans l'analyse les conflits et les accords et d'éviter les pièges d'une vision trop consensuelle des structures d'action collective (Friedberg, 1994). Elles obligent en même temps à analyser les comportements minoritaires ou atypiques qui rappellent, par leur simple existence, la contingence des comportements dominants :

> Enfin, même si elle donne encore naissance à des lectures trop « machiavéliques » pour lesquelles le pouvoir est avant tout une motivation et non pas un mécanisme d'échange, elle oblige en fait à dépersonnaliser l'analyse en la centrant sur les relations d'échange, sur les interdépendances entre acteurs » (Friedberg, 1994, p. 138).

Placer le pouvoir comme le problème central d'une organisation et le juxtaposer à l'autre prémisse, selon laquelle les objectifs de chaque acteur ou groupes d'acteurs diffèrent, amène une vision de l'organisation beaucoup plus complexe et conflictuelle qu'il n'y paraît (Bernoux 1985, Crozier et Friedberg, 1977). Chacun possède sa logique et sa vision des moyens nécessaires pour assurer le fonctionnement de l'ensemble. Par exemple, la définition de la qualité d'un cours d'eau sera différente selon la vision des différents acteurs ou groupes d'acteurs concernés. Cette qualité pourra se traduire, pour le pêcheur, par la quantité et la variété de poissons ; pour l'écologiste, par l'absence de contamination ou la diversité des organismes vivants; pour le promeneur, par son caractère sauvage; pour l'agriculteur et l'industrie, par son abondance. Les chances de voir apparaître des conflits d'intérêts entre les membres d'une organisation sont donc très élevées. Pour un chercheur utilisant l'analyse stratégique comme cadre théorique et méthodologique, l'organisation est perçue comme un univers de conflits d'intérêts (Crozier et Friedberg, 1977). Toutefois, cette vision ne signifie pas que l'utilisation du pouvoir par les acteurs est nécessairement consciente, ni liée exclusivement à des ambitions strictement personnelles. De toute façon, l'analyse stratégique, par principe, évite de porter des jugements moraux.

Le pouvoir et les stratégies de chaque acteur ou groupes d'acteurs varieront selon leurs capacités propres, selon leurs ressources et selon les règles des jeux auxquels ils participent dans l'organisation (Crozier et Friedberg 1977). Il existe évidemment des contraintes que les acteurs doivent considérer dans leurs stratégies pour atteindre leurs buts. Ainsi, la poursuite des objectifs de chacun est limitée par le jeu des autres acteurs du système et par les règles formelles émises par l'organisation. Pour découvrir les stratégies de chacun, le chercheur doit comprendre par le biais des entrevues, les intérêts qui les motivent à engager des ressources, leurs atouts, leurs contraintes et les alliances qu'ils développent dans le système (Bernoux, 1985; Crozier et Friedberg, 1977). Ces stratégies peuvent être plus ou moins risquées, plus ou moins agressives ou, au contraire, plus ou moins défensives dépendant du contexte de l'action. Elles sont également directement liées aux sources de pouvoir utilisées par chaque acteur ou groupe d'acteurs dans le système d'action. Mais, avant d'énumérer ces sources de pouvoir, il est nécessaire, pour faciliter la compréhension, de revoir la notion même de pouvoir afin d'introduire un autre important concept de l'analyse stratégique : les « zones d'incertitude ».

2.3.2.3   Les zones d'incertitude et les sources de pouvoir

Le pouvoir est étroitement lié à l'autonomie ou à la marge de liberté d'un individu (Bernoux, 1985).   Par exemple, un employé ou un membre peut accomplir une tâche avec lenteur ou rapidité, avec soin ou de façon bâclée.   Il lui est donc possible de jouer dans cette « zone d'incertitude » afin de négocier sa participation au système. C'est une ressource du pouvoir qu'il peut utiliser.   « Concrètement, elle réside dans la possibilité qu'a l'individu de refuser ou de négocier ce que l'autre lui demande, ou de chercher à obtenir quelque chose de lui, ou encore de lui faire payer cher cette demande » (Bernoux, 1985, p. 138).   Plus un acteur maîtrisera une zone d'incertitude cruciale pour le succès de l'organisation, plus il disposera de pouvoir auprès des autres acteurs. Cependant, il ne suffit pas de jouir d'une autonomie pour posséder du pouvoir : il faut que le comportement demeure imprévisible (Bernoux, 1985). « Cela revient toujours en fait à changer la nature du jeu, ou à déplacer les enjeux et les zones d'incertitude, à profiter des circonstances pour forcer l'autre à se placer sur un autre terrain beaucoup moins favorable ou à céder » (Crozier et Friedberg, 1977, p. 71). Ainsi, chaque acteur tentera d'élargir sa propre marge de manœuvre tout en essayant de restreindre celle de son partenaire ou de son adversaire.

Pour une organisation, il existe de multiples zones d'incertitude tant à l'intérieur qu'à l'extérieur. Les incertitudes provenant de l'environnement peuvent être d'ordre économique, social ou politique (Bernoux, 1985). Au niveau interne, ces sources de pouvoir émanent des caractéristiques structurelles d'une organisation. Ces caractéristiques délimitent le champ d'exercice des relations de pouvoir entre les membres et définissent les conditions de négociation entre les uns avec les autres (Crozier et Friedberg, 1977). Elles imposent des contraintes qui doivent être considérées par tous les acteurs. Ceux-ci tenteront de contrôler ces zones d'incertitude organisationnelle pour les utiliser dans la poursuite de leurs propres stratégies. Il se créera alors autour d'elles des relations de pouvoir.

Il existe quatre grandes sources de pouvoir correspondant aux différents types d'incertitudes rencontrés dans une organisation (Bernoux, 1985; Crozier et Friedberg, 1977). La première résulte de la maîtrise d'une expertise ou d'une compétence difficilement remplaçable. Pour que cette source de pouvoir soit « négociable », l'expert doit être le seul à disposer des connaissances qui lui permettent de résoudre certains problèmes cruciaux pour l'organisation. En général, l'importance de cette source de pouvoir, lorsqu'elle est utilisée seule, est limitée, car les personnes détentrices d'une expertise donnée sont rarement irremplaçables (Bernoux, 1985). De plus, il faut que les autres acteurs acceptent les solutions proposées par l'expert. Dans le cas contraire, même si les solutions proposées étaient bonnes, elles resteraient lettre morte.

La seconde source de pouvoir réside dans la maîtrise des relations avec l'environnement de l'organisation. Puisqu'elle s'insère mieux dans le tissu des relations habituelles qui fonde la vie de l'organisme, l'utilisation de cette zone d'incertitude confère aux acteurs qui l'utilisent un pouvoir plus important et plus stable (Crozier et Friedberg, 1977). L'atout de cet acteur réside dans son engagement et dans sa connaissance de plusieurs réseaux pouvant influencer de façon positive ou négative le fonctionnement de l'organisation. Cet individu est appelé « marginal sécant ». Il peut utiliser, dans une organisation, les relations qu'il a avec un autre système d'action pour consolider et agrandir son pouvoir.

La troisième source de pouvoir est la maîtrise de la communication et des informations à l'intérieur de l'organisation (Crozier et Friedberg, 1977). En effet, chaque individu doit avoir accès aux informations provenant d'autres individus détenant une certaine fonction dans l'organisation. La façon dont seront transmises les informations affectera nécessairement la capacité d'action du destinataire. Par ailleurs, cette maîtrise des informations engendrera un processus de négociation et de marchandage entre les acteurs.

Finalement, la quatrième source de pouvoir découle de l'utilisation des règles formelles de l'organisation (Bernoux, 1985). Théoriquement, les règles sont destinées à supprimer les sources d'incertitude et à aider la coopération entre les acteurs. Cependant, on observe qu'elles ne les évacuent jamais complètement et qu'elles en créent même de nouvelles. Ces nouvelles zones d'incertitude sont alors mises à profit par ceux-là mêmes qu'elles cherchent à contraindre et à régulariser. Il faut souligner que les règles ne sont pas à sens unique. Elles restreignent la marge de liberté des subordonnés, sans doute, mais elles en font autant avec celle du supérieur. Ainsi, plus les membres d'une organisation maîtrisent bien ses règles et savent les utiliser, plus ils sortiront gagnants dans une relation de pouvoir. L'un des buts du chercheur consiste donc à découvrir la ou les sources de pouvoir utilisées par chaque acteur ou groupe d'acteur pour arriver à leurs fins.

2.3.2.4   Le système d'action concret

Comme les acteurs doivent régler leurs conflits et comme chacun croit connaître les moyens à prendre pour assurer le fonctionnement de l'organisation, ils conçoivent un système de relations et négocient leur participation d'une manière particulière. Ce système de coopération entre les acteurs, appelé « système d'action concret », constitue le quatrième postulat de l'analyse stratégique (Friedberg, 1994; Bernoux, 1985). Selon ce postulat, le « jeu » est le moyen préconisé par les individus pour régler leur coopération. Cependant, dire qu'il y a jeu n'implique nullement un quelconque consensus sur les règles de ce jeu. Il est important de mentionner que la notion de pouvoir, chez les acteurs ou groupe d'acteurs, correspondant à leur capacité d'influencer l'action d'un autre, conserve toujours ici une place centrale (Bernoux, 1985). Ce que le chercheur doit découvrir, ce sont les réseaux et les relations de pouvoir qui se tissent entre les acteurs et à travers lesquels se régulent les activités de l'organisation.

Le système d'action concret est formé par les réseaux et les relations de pouvoir qui se tissent entre les acteurs, eux-mêmes structurés par les jeux et stratégies de chacun (Crozier et Friedberg, 1977). C'est à travers ce système d'action que se régulent les activités et le fonctionnement de l'organisation. Les acteurs organisent donc un système de relations et négocient leur participation d'une manière particulière. Cette notion de négociation est indissociable d'une autre notion, celle de compromis. La notion de compromis entre en ligne de compte puisque, même si chaque acteur possède une certaine marge de liberté pour choisir sa stratégie propre, les règles du jeu mis en place par le système informel balisent des limites à ne pas dépasser (Crozier et Friedberg, 1977). Si un acteur dépasse ces bornes, il risque d'être exclu du système d'action concret.

2.4   L'analyse stratégique appliquée à l'étude des comités ZIP

Ce chapitre a exposé le cadre théorique et la méthodologie de l'analyse stratégique. Quatre concepts principaux ont été expliqués de façon détaillée, soit ceux d'acteur, de pouvoir, de zones d'incertitude et de système d'action concret. Nous avons pu noter que l'analyse stratégique se caractérise par son approche inductive, sa préférence pour l'étude des données qualitatives et son souci de comparaison.   En outre, une partie de la compréhension d'un système humain passe obligatoirement par l'étude des individus qui y oeuvrent.   Comme les comités ZIP mobilisent un réseau d'acteurs diversifiés, il semble pertinent de recourir à l'analyse stratégique. En effet, leurs concepts de base visent à mobiliser le maximum d'acteurs concernés à la même table pour parvenir à un consensus sur la protection de la section du fleuve Saint-Laurent de leur territoire.   Ce modèle de gestion de l'environnement basé sur la négociation n'est pas unique à la ressource hydrique et il est en train de devenir le modèle privilégié par le gouvernement du Québec (Chouinard, 1998; Lepage, 1997).

Cette recherche s'appuie sur le principe qui soutient que les stratégies des acteurs s'inscrivent à l'intérieur de jeux par lesquels un système d'interdépendance se régule entre les acteurs, et où ceux-ci négocient leur participation à ces systèmes. Cela devrait permettre de lever partiellement le voile sur un nouveau mode de gestion de l'environnement appliqué au Québec à propos duquel les connaissances sont pratiquement inexistantes. De plus, elle devrait susciter la découverte de nouveaux aspects reliés à la gestion de l'environnement, car ce type d'approche est rarement utilisé par les chercheurs québécois. Cette étude applique donc les principes et la méthodologie de l'analyse stratégique pour comprendre le système régulant l'action organisée de deux comités ZIP.

Les trois chapitres ultérieurs colligent les résultats de l'enquête effectuée auprès des acteurs de deux comités ZIP et les informations récoltées auprès des trois instances du programme ZIP, c'est-à-dire des comités ZIP, de Stratégies Saint-Laurent et des instances gouvernementales. Le chapitre III présente le cadre formel du programme ZIP, le chapitre IV décrit le système informel développé par les acteurs de deux comités ZIP et le chapitre V énumère les obstacles et les limites à l'application de la gestion intégrée selon les expériences étudiées.

CHAPITRE III

L'ORGANISATION FORMELLE DU PROGRAMME ZIP

Ce chapitre présente le cadre formel du programme ZIP en exposant son historique, ses principales caractéristiques et sa structure organisationnelle. Les informations ayant servi à la rédaction de cette section proviennent des trois instances du programme ZIP, c'est-à-dire des comités ZIP, de Stratégies Saint-Laurent et des instances gouvernementales.

3.1 Historique

Le concept des Zones d'Intervention Prioritaire (ZIP) est né de l'initiative de groupes environnementaux québécois qui, désireux d'assurer la protection du fleuve Saint-Laurent et de veiller à la récupération de ses usages, ont décidé de créer un programme basé sur le modèle des « Areas of Concern » (AOC) existant dans la région des Grands Lacs (Simard, 1990). Les lignes suivantes traceront donc un portrait succinct de ce programme de protection de l'environnement.

3.1.1 Le modèle de gestion intégrée de l'eau dans la région des Grands Lacs

Les AOC sont des zones aquatiques où des interventions d'assainissement ont été considérées prioritaires, en raison de leur forte contamination (Boyer, 1988). Cette contamination a entraîné la perte ou la restriction de nombreux usages et mis en danger la survie de plusieurs espèces vivantes. Cela a provoqué l'émergence de conflits nationaux, binationaux et internationaux entre les divers usagers de cette ressource. Le but ultime de ce programme consiste donc à améliorer la qualité de l'eau des Grands Lacs pour assurer, d'une part, la protection des usages actuels et la récupération des usages perdus et, d'autre part, résoudre les conflits entre les différents usagers (Evans, 1991; International Joint Commission (IJC), 1991; Jourdain, 1994).

Le moyen privilégié pour atteindre ce but dans la pratique consiste à réaliser les projets environnementaux inclus dans un plan d'action régional - le « remedial action plan » (RAP) - qui sont développés par chaque AOC (Boyer, 1988). Ces plans d'assainissement sont le résultat des priorités environnementales émises par les populations locales lors d'une consultation publique. Ces priorités environnementales ont été définies à une table de concertation réunissant une multitude d'acteurs locaux intéressés à participer à la gestion environnementale de leur région des Grands Lacs.

Ce programme d'assainissement des eaux et de récupération des usages est encadré et soutenu par la Commission Mixte Internationale (CMI) et *l'Accord relatif à la qualité des eaux des Grands Lacs* (Jourdain, 1994). Puisque les eaux des Grands Lacs traversent les territoires du Canada et des États-Unis, c'est la CMI, à titre d'organisation internationale, qui est responsable du programme AOC (IJC, 1991). Cet organisme bilatéral de type paritaire est composé de six membres, trois qui sont nommés par le gouvernement canadien et trois qui sont nommés par le gouvernement américain (IJC, 1991; Jourdain, 1994).

Initialement, la CMI a été créée afin d'administrer une entente bilatérale, le *Traité des eaux limitrophes,* signée en 1909 entre les États-Unis et le Canada (Jourdain, 1994). Cette entente avait pour principal but de gérer les conflits d'usages entre les deux pays. L'engagement formel des deux gouvernements s'est traduit, bien plus tard, par l'adoption en 1972 de *l'Accord relatif à la qualité des eaux des Grands Lacs* (Jourdain, 1994). En 1987, cet Accord a été modifié afin d'intégrer les revendications des groupes de pression et des populations locales qui désiraient prendre part aux décisions relatives à la gestion des eaux des Grands Lacs (Boyer, 1988). Par cette modification, les deux pays s'engageaient donc formellement à veiller à la protection et à la récupération des usages des Grands Lacs dans chaque AOC par le biais des RAP (Evans, 1991; IJC, 1991).

Ce programme d'assainissement des eaux des Grands Lacs est la source d'inspiration première du programme ZIP mis en place au Québec. Comme le programme ZIP est une variante du modèle développé dans la région des Grands Lacs mais adapté au contexte institutionnel lié à la protection du fleuve Saint-Laurent, son historique suit un parcours similaire. Un portrait rétrospectif de son évolution sera tout de même brossé afin de cerner les différences entre les deux modèles.

3.1.2 Le modèle de gestion intégrée de l'eau du fleuve Saint-Laurent

En 1988, le gouvernement fédéral lance le Plan d'action Saint-Laurent (PASL), dont le but consiste à protéger et à conserver le fleuve ainsi qu'à récupérer les usages perdus (Burton, 1997a). Ce programme s'étale sur une période de cinq ans et est doté d'un budget de 110 millions de dollars. Les actions du PASL sont élaborées de façon complémentaire aux programmes de protection du fleuve Saint-Laurent du gouvernement du Québec. Ce n'est qu'un an plus tard, en 1989, qu'un partenariat formel s'établit entre les deux paliers de gouvernement.

Au départ, la grande préoccupation des gestionnaires porte sur le découpage du bassin versant du fleuve Saint-Laurent, vu son ampleur et son hétérogénéité (Burton, 1991). La principale difficulté des gestionnaires réside dans le choix d'une méthode de découpage du bassin versant du Saint-Laurent en tronçons correspondant à des sous-systèmes imbriqués dans une approche écosystémique. Finalement, leur choix s'arrête sur une méthode de délimitation du territoire. Les zones du Saint-Laurent sont donc délimitées en fonction des limites naturelles, des régions biogéographiques et des caractéristiques socioéconomiques des communautés riveraines (Burton, 1991). De cet exercice gouvernemental découle la division du fleuve en 23 zones, elles-mêmes regroupées en 13 secteurs d'étude.

Lors de cette première phase du programme, les objectifs sont orientés sur la réduction de la pollution toxique d'origine industrielle, la conservation des espèces menacées et des espaces sensibles, la restauration des sites fédéraux contaminés, les nouvelles technologies environnementales et l'évaluation de l'état de l'écosystème du Saint-Laurent. Dès lors, le PASL identifie ses partenaires comme étant les universités, les industries et les firmes de consultants, mais il ne prévoit aucun mécanisme spécifique pour la participation de la population et l'intégration des acteurs locaux. Ce plan d'action, bien que reprenant la plupart des principes de la gestion intégrée, avait donc omis celui de l'intégration de tous les acteurs concernés lors du processus décisionnel.

Probablement pour rappeler au gouvernement cette lacune du PASL, en 1989, le concept des Zones d'Intervention Prioritaire (ZIP) est défini par une dizaine de groupes environnementaux nationaux du Québec, rassemblés dans le programme Stratégies Saint-Laurent (SSL) (Simard, 1990). Selon ces derniers, la protection du fleuve ne peut être assurée si elle est confiée exclusivement aux gouvernements, à l'industrie et aux scientifiques. Leur programme consiste donc à assurer une meilleure protection du fleuve Saint-Laurent. Toutefois, c'est l'expérience de gestion intégrée de la région des Grands Lacs qui les inspire. Ce modèle cherche à assurer l'intégration des populations et des acteurs locaux dans le processus de prise de décision de gestion des plans d'eau (Boyer, 1988; Simard, 1990).

C'est ainsi que des comités, prenant la forme de tables de concertation locales et régionales, ont été créés. Ceux-ci ont pour but de résoudre les problématiques environnementales de leur section fluviale. Ces comités réunissent donc à la même table divers acteurs jouant un rôle dans la gestion de l'eau, tels l'État, les municipalités, les industries et les groupes environnementaux (Simard, 1990). Ils ont pour mission d'élaborer des plans d'assainissement qui tiennent compte des intérêts des citoyens et des groupes locaux par un processus de consultation publique (Burton, 1997a).

Inspirés par la méthode de délimitation du territoire adoptée par la Commission Mixte Internationale dans la région des Grands Lacs, les initiateurs du programme identifient donc 22 régions propices à la formation de ces comités (Burton, 1997a). Ces régions du fleuve Saint-Laurent correspondent à des zones fortement contaminées par les activités humaines. On les désigne sous l'appellation de « Zones d'intervention prioritaire (ZIP) ». Un autre découpage du bassin versant du fleuve Saint-Laurent est alors effectué. À la suite de la création de ces lieux de concertation, des documents, faisant état de la qualité du fleuve sont produits. Lors de cette première période, de 1989 à 1993, la majeure partie de leur financement provient des fondations, et le budget dont ils disposent s'élève à 500 000 dollars pour une période de trois ans (Simard, 1990). À la fin de 1991, deux modèles différents de découpage du territoire sont élaborés en parallèle. Stratégies Saint-Laurent (SSL) effectue le découpage du fleuve en 22 zones, produit cinq bilans régionaux et forme les comités ZIP (Burton, 1997a). Le PASL effectue, de son côté, le découpage du fleuve en 23 zones et publie un premier bilan. En 1991, une première forme de collaboration entre ces deux instances voit le jour.

En 1994, un partenariat formel apparaît entre les groupes environnementaux et l'appareil gouvernemental à travers l'intégration du programme ZIP dans le PASL. En effet, le concept ZIP ainsi que les partenaires ont évolué. SSL est passé d'un programme environnemental à un organisme à but non lucratif dûment incorporé (Burton, 1997a). Entre-temps, le PASL devenait le Plan d'action Saint-Laurent Vision 2000 (SLV 2000). Il disposait d'un budget de 100 millions de dollars. Dans ce projet continu du PASL, les partenaires gouvernementaux allouent maintenant des ressources humaines et financières à la réalisation des étapes du programme ZIP selon un calendrier conjoint.

L'année 1994 est donc une année charnière, car les partenaires gouvernementaux et SSL signent une entente cadre où sont définis les rôles de chacun selon des étapes bien spécifiques (Hudon, 1999; SSL, s.d. a). Le tableau 3.1 fait une synthèse de ces étapes et des responsabilités de chacun des partenaires. Le partenariat entre les deux paliers de gouvernement et SSL s'officialise donc par l'intégration du programme ZIP dans le volet *Implication communautaire* de SLV 2000. Ainsi, SSL a obtenu gain de cause puisque ce nouveau volet a été créé spécifiquement pour assurer la participation publique à la protection et à la restauration du Saint-Laurent. À partir de ce moment, il obtient une reconnaissance officielle des partenaires gouvernementaux et devient majoritairement financé par ces derniers. C'est la structure organisationnelle du programme ZIP, développée à cette époque, qui fait l'objet de la présente étude.

Tableau 3.1

Rôles et responsabilités des partenaires selon les étapes du
programme ZIP

	Partenaires		
Étapes	**Gouverneme nts fédéral et provincial (SLV 2000)**	**Stratégies Saint-Laurent (SSL)**	**Comités ZIP**
La participation et la concertation des communauté s riveraines	diffuser l'information publique disponible.	fournir un appui aux comités ZIP; coordonner leur création et leur mise en place le long du Saint-Laurent.	mobiliser la participation des communautés riveraines par le biais de l'information et de la sensibilisation.
La production d'un bilan des connaissanc es	préparer conjointement le bilan et le rendre public en organisant un lancement.	participer au lancement du bilan en faisant connaître le programme ZIP.	agir comme hôte lors du lancement du bilan et participer à sa diffusion.
La consultation publique	participer à la consultation; fournir une expertise technique et une expertise en	préparer un plan annuel des consultations en concertation avec les gouvernements.	organiser la consultation; participer à la définition des priorités locales avec les participants.

	communicatio n.		
L'élaboration du Plan d'action et de réhabilitation écologique (PARE)	fournir l'assistance technique pour l'élaboration du PARE.	effectuer le suivi auprès des comités ZIP pour l'élaboration du PARE.	élaborer le PARE en concertation avec les intervenants du milieu.
La mise en oeuvre du PARE	participer à la mise en oeuvre en fonction de leurs mandats et programmes respectifs.	assurer la liaison entre les comités ZIP et les gouvernements.	faire des représentations auprès de tous les intervenants concernés.
Le suivi et la diffusion des résultats	rendre compte annuellement du programme.	rendre compte de l'exécution de son mandat à la population.	assurer le suivi du PARE auprès de la collectivité.

Tiré de Saint-Laurent Vision 2000 (SLV 2000). *S.d. SLV 2000 : Étapes et partenaires.* En ligne. <http://www.slv2000.qc.ec.gc.ca/slv2000/français/ zip/etapes.htm>. Consulté le 11 septembre 98.

En 1998, le PASL est renouvelé pour une seconde fois (SLV 2000, 1998a). Les investissements prévus sont de 123 millions de dollars pour le Canada et de 116 millions de dollars pour le Québec (SLV 2000, 1998c). Pour la période s'étendant de 1998 à 2003, les objetifs de ce programme de protection du fleuve Saint-Laurent ont changé, comme en fait foi une brochure gouvernementale.

> Dans une perspective de développement durable et un souci d'assurer une continuité aux interventions des deux premières phases, cette troisième phase vise trois grands objectifs: la protection de la santé de l'écosystème, la protection de la santé humaine et l'implication des communautés riveraines afin de favoriser l'accessibilité et le recouvrement des usages du Saint-Laurent (SLV 2000, 1998c, p. 1).

Ainsi, les domaines d'intervention privilégiés de SLV 2000 sont maintenant : l'implication communautaire, l'agriculture, l'industrie, le monde municipal, la santé humaine, la biodiversité et la navigation (SLV 2000, 1998a). Les instances gouvernementales, réunies dans ce plan d'action, ont donc décidé d'assurer la continuité du volet spécifiquement créé pour assurer la participation publique à la protection et à la restauration du Saint-Laurent. Ce volet se nomme *Implication communautaire.* Dans ce volet, SSL est devenu le partenaire privilégié des instances gouvernementales pour l'atteinte de leurs objectifs (Cleary, 1999; SLV 2000, 1998a). En effet, selon la dernière entente conclue entre SSL et les instances gouvernementales, le programme ZIP bénéficie maintenant d'une enveloppe budgétaire de 5,5 millions de dollars sur les 7 millions de dollars prévus pour l'ensemble du volet *Implication communautaire* (SLV 2000, 1998a). Cela représente près de 80% de l'enveloppe budgétaire totale réservée au volet *Implication communautaire.* Ainsi, selon une entrevue avec un acteur oeuvrant au sein de SLV 2000, le budget alloué au programme ZIP est passé de 1,7 million de dollars pour la période 1994-1998 à 5,5 millions de dollars pour la période 1998-2003.

3.2   Les principales caractéristiques du programme ZIP

Le programme ZIP, en tant que volet du PASL, est une expérience de l'application du concept de gestion intégrée. Ses fondements reposent sur les principes de l'approche écosystémique (Burton, 1991). Selon Jourdain (1994), la distinction que l'on pourrait établir entre l'approche écosystémique et la gestion intégrée est que la première serait davantage un cadre conceptuel, alors que la deuxième pourrait être considéré comme un cadre de mise en œuvre.   Le programme ZIP intègre donc la volonté de diviser le territoire selon les caractéristiques naturelles et humaines du bassin versant du fleuve Saint-Laurent, de faire participer le maximum d'acteurs concernés dans le processus décisionnel, d'appliquer le principe de subsidiarité par une gestion régionale et d'adopter une approche multidisciplinaire et souple (Burton, 1997a, 1997b; 1991; Environnement Canada, 1996; Tomalty et al., 1994).   Les lignes suivantes expliciteront la manière dont ces caractéristiques inhérentes à la gestion intégrée sont reprises dans le programme ZIP à travers le PASL par l'approche écosystémique (Environnement Canada, 1996).

Les objectifs de l'approche écosystémique concernent le maintien des espèces, des cycles et des liens qui existent dans la nature. Toutefois, cette approche reconnaît que les êtres humains font partie intégrante de la nature : leur santé et leur bien-être sont étroitement liés à ceux de l'écosystème. Elle cherche donc à combiner les nouvelles perspectives écologiques de la science et une compréhension des facteurs sociaux et économiques qui façonnent l'être humain. Selon un document d'Environnement Canada, datant de 1996, quatre concepts fondamentaux devraient orienter ceux qui utilisent l'approche écosystémique (Environnement Canada, 1996).

Premièrement, parce que les éléments d'un écosystème sont interdépendants, les ressources doivent être gérées et intégrées comme des systèmes dynamiques plutôt que des éléments indépendants et distincts. Deuxièmement, en raison du dynamisme et de la complexité des écosystèmes, l'approche choisie doit être souple et adaptable. Troisièmement, elle doit reconnaître l'importance du rôle de la culture, des valeurs et des systèmes socioéconomiques dans la gestion de l'environnement et des ressources. La nature complexe des problèmes et des enjeux liés aux écosystèmes fait en sorte qu'ils ne peuvent être abordés que par l'intégration des préoccupations scientifiques, sociales et économiques. Finalement, l'approche écosystémique planifie ses actions selon une vision à long terme et une échelle spatiale adaptée au contexte. Cela permet aux décideurs d'adopter une stratégie de gestion basée sur « l'anticipation et la prévention » plutôt que sur la « réaction-correction ».

L'approche écosystémique suppose l'étude du système dans son ensemble. Cela suppose également l'étude du système à une échelle spatiale donnée. Dans le cas d'un cours d'eau, il est généralement admis d'utiliser le bassin versant comme unité de base géographique pour arriver à des interventions concertées (Jourdain, 1994; Tremblay, 1996). Cette notion de bassin versant inclut l'ensemble des dimensions chimique, biologique et socioéconomique qu'il englobe. La collecte des informations scientifiques du programme ZIP s'est donc accomplie en superposant les caractéristiques naturelles et socio-économiques du bassin versant du fleuve Saint-Laurent (Burton, 1991).

Cependant, la mise en application intégrale de ce critère à l'échelle de la province présentait des difficultés, en raison notamment de la grande étendue du bassin versant du fleuve Saint-Laurent (Québec, 1993). Un découpage de celui-ci était donc nécessaire à réaliser. Cette division du territoire devait donc prendre en compte les caractéristiques naturelles et humaines citées précédemment. De plus, selon le Conseil de la conservation et de l'environnement du Québec, il devait porter une attention particulière à l'envergure des problèmes de contamination et du potentiel de mobilisation de la population locale (Québec, 1993). Les Zones d'intérêt prioritaire

(ZIP) du fleuve Saint-Laurent sont donc le fruit de la superposition de la prise en compte de toutes ces caractéristiques.

3.3   La structure organisationnelle du programme ZIP

Au fil du temps, la structure organisationnelle du concept ZIP s'est modifiée, principalement en raison de la source de leur financement. En effet, alors qu'au départ le financement provenait presque essentiellement des fondations, il dépend, depuis 1994, des subventions gouvernementales (Hudon, 1999).   La forme actuelle du programme ZIP résulte donc d'un jumelage entre les objectifs de Stratégies Saint-Laurent (SSL) et ceux de l'État à travers le programme d'aide financière de SLV 2000. Cette section présente donc un portrait succinct de la structure formelle actuelle du programme ZIP.

La structure organisationnelle du programme ZIP est composée de trois instances: les gouvernements fédéral et provincial réunis dans le plan d'action SLV 2000, SSL et les comités ZIP (figure 3.1).

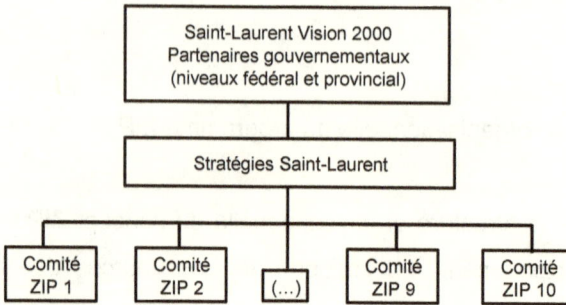

Figure 3.1 Structure organisationnelle du Programme Zones d'intervention prioritaire (ZIP)

Une entente cadre, signée entre Stratégies Saint-Laurent et les partenaires gouvernementaux, décrit clairement les rôles et les responsabilités de chacun. Les paragraphes qui suivent résument les rôles et les responsabilités de chacune de ces trois instances selon cette entente cadre (voir tabl. 3.1). Une attention particulière est consacrée aux comités ZIP, car la section portant sur la description du système informel de cette étude se réfère principalement aux propos des acteurs de deux de ces organismes.

Le principal rôle des instances gouvernementales consiste à fournir une aide financière, technique et scientifique. Des personnes-ressources, appelées « antennes gouvernementales », sont désignées en région parmi les ministères participants au plan d'action SLV 2000 afin de faciliter l'accès à l'information disponible dans l'appareil gouvernemental. Concrètement, l'information scientifique gouvernementale disponible est transmise à SSL et aux comités ZIP, par la publication d'un bilan environnemental sur l'état de chaque tronçon du fleuve. Les gouvernements peuvent également apporter un appui technique par la participation *ad hoc* d'experts provenant des différents ministères, en fonction des ressources disponibles. Un comité d'harmonisation des partenaires gouvernementaux est coprésidé par un représentant d'Environnement Canada et par un représentant du ministère de l'environnement du Québec.

Stratégies Saint-Laurent (SSL) est un organisme à but non lucratif jouant un rôle central dans la mise en œuvre du programme ZIP. Il fournit l'aide nécessaire aux comités ZIP pour assurer leur bon fonctionnement et coordonner leur création. Ainsi, il fait la promotion du programme auprès des communautés riveraines en assurant la mise en place de nouveaux comités ZIP le long du Saint-Laurent. Il voit à la circulation de l'information entre les comités ZIP et les partenaires gouvernementaux. Il collabore également à la préparation et à la réalisation de programmes gouvernementaux reliés aux objectifs du programme ZIP.

Son conseil d'administration est composé en majorité de représentants de comités ZIP et de certains groupes environnementaux nationaux. Depuis les dernières modifications apportées aux règlements généraux, en juin 1998, le nombre de sièges accordés aux comités ZIP est passé d'au moins 60% à 50%

plus un siège. Parallèlement, le nombre de sièges détenus par les groupes environnementaux est passé d'au moins 25% à au moins 50% des sièges plus un. Il est important de souligner que le travail des membres du conseil d'administration est volontaire ou bénévole. La coordination de Stratégies Saint-Laurent est assumée par une ou plusieurs personnes embauchées par le conseil d'administration.

Pour leur part, les comités ZIP, qui sont au nombre de dix le long du fleuve Saint-Laurent, organisent des rencontres pour les membres, facilitent les échanges sur les préoccupations environnementales de la population et favorisent la réalisation des actions à poser. Les comités ZIP possèdent une certaine autonomie puisqu'en s'incorporant en tant qu'organisme à but non lucratif, ils doivent délimiter leur territoire et élaborer leurs propres règlements généraux. Cependant, certaines conditions sont imposées par Stratégies Saint-Laurent et par les instances gouvernementales. Les paragraphes suivants font mention des conditions les plus importantes.

Chacun des comités ZIP est incorporé en tant qu'organisme à but non lucratif et doit élire un conseil d'administration. Les membres du conseil d'administration, au nombre d'une vingtaine idéalement, sont tous mandatés par l'organisme ou par l'employeur qu'ils représentent au sein du comité ZIP. Les sièges du conseil d'administration sont accordés aux membres, qui proviennent de cinq milieux respectifs: industriel, socioéconomique, environnemental, municipal et civil. Comme dans la plupart des organismes sans but lucratif, le conseil d'administration nomme généralement parmi ses membres les officiers qui formeront le comité exécutif.

Selon un document de Stratégies Saint-Laurent (SSL), la composition du conseil d'administration d'un comité ZIP doit être largement représentative des différents acteurs intervenant sur son territoire (SSL, s.d. b). Chaque acteur intéressé à s'engager devrait y avoir accès. Cela signifie qu'un comité ZIP doit regrouper des représentants des milieux socioéconomique, municipal, industriel, environnemental et civil. Aucun de ces secteurs ne devrait, pour ce qui est du nombre de sièges occupés au conseil d'administration, être en position de dominance. À l'instar de SSL, le travail des membres du conseil d'administration n'est pas rémunéré par le comité ZIP. Certains sous-comités peuvent être formés pour travailler à l'avancement et à la mise en œuvre de projets environnementaux spécifiques. La coordination des comités ZIP est assumée par une ou plusieurs personnes embauchées par le conseil d'administration. La coordination en collaboration avec les membres du conseil d'administration fait valoir les responsabilités incombant au comité ZIP selon l'entente cadre signée par SSL et les instances gouvernementales.

3.4 Les étapes du programme ZIP et les responsabilités des partenaires

La procédure formelle du programme ZIP implique six grandes étapes: la participation et la concertation des communautés riveraines, la production du bilan des connaissances, la consultation publique, l'élaboration et la mise en oeuvre du plan d'action et de réhabilitation écologique (PARE) ainsi que le suivi et la diffusion des résultats (voir tabl. 3.1). Parmi les six étapes du programme ZIP, quatre d'entre elles sont considérées primordiales. Ce sont: la production du bilan des connaissances, la consultation publique ainsi que l'élaboration et la mise en oeuvre du plan d'action et de réhabilitation écologique (PARE). Pour les besoins de cette étude de cas, ces étapes seront décrites de façon plus détaillée ainsi que les responsabilités des partenaires qui y sont rattachées.

Tout d'abord, l'équipe fédérale-provinciale élabore un bilan environnemental des connaissances pour chacun des secteurs d'étude couvrant l'ensemble du fleuve Saint-Laurent. Ce bilan prend la forme de quatre rapports techniques traitant des aspects biologiques, physico-chimiques, socioéconomiques et de la santé humaine (Chartrand et al., 1998). Le bilan régional est un résumé de ces quatre rapports techniques, il sert à la fois de document de référence aux participants à la consultation publique et aux membres des comités ZIP. Afin de faciliter la synthèse et la superposition de toutes les informations récoltées à l'échelle des comités ZIP, une approche méthodologique fondée sur l'approche systémique a été développée par Environnement Canada (Burton, 1991).

Chaque comité ZIP reçoit le bilan environnemental spécifique à son tronçon fluvial, au moins six semaines avant la tenue de la consultation publique (SSL, s.d. a). Environ deux semaines avant la tenue de la consultation publique, une conférence de presse est organisée conjointement par le comité ZIP et les instances gouvernementales. C'est le moment choisi pour exposer le bilan régional et pour faire l'annonce officielle de la tenue de la consultation publique. Chaque comité ZIP agit alors comme hôte de cet événement et invite les gouvernements à venir présenter le bilan régional aux médias et à la population. Les comités ZIP ont la responsabilité d'assurer une large diffusion du bilan auprès de la population et des différents intervenants du milieu.

Dans les trois mois suivant la publication du bilan régional, les populations sont invitées à participer à un colloque organisé par le comité ZIP en consultation avec SSL et les représentants gouvernementaux (SSL, s. d. a). Les coûts de cette consultation sont défrayés par le programme SLV 2000. Ce sont les fonctionnaires responsables qui participent activement à l'élaboration des préparatifs, conçus pour une cinquantaine de participants. Le comité ZIP est responsable de l'organisation de ce colloque et doit favoriser la diffusion de l'information pertinente afin de stimuler la participation du public. De plus, il étudie, commente et enrichit le bilan régional en fonction des besoins de la population locale.

Lorsqu'un comité ZIP reçoit une fiche d'inscription, il doit faire parvenir au participant le bilan régional et le programme du déroulement des ateliers (SSL, s.d. c). Cela a pour but de préparer adéquatement les participants à se familiariser avec une démarche qui est assez directive. En effet, les participants sont invités à formuler des priorités d'intervention d'une manière claire et concise dirigée vers l'action. De plus, lors de cette consultation, le comité ZIP participe à la définition des priorités d'intervention avec la population (SSL, s.d. a). Selon l'entente cadre entre les gouvernements et Stratégies Saint-Laurent, cette étape sert à valider les bilans préparés par les partenaires gouvernementaux, à les enrichir par le savoir local et à s'enquérir de la volonté d'action du milieu. Lors de cet événement, les comités ZIP reçoivent les projets jugés prioritaires par les participants, qui guideront leur travail pour l'élaboration du plan d'action et de réhabilitation écologique (PARE) (SSL, s.d. c).

Le déroulement de la consultation suit un modèle type, décrit dans un document préparé conjointement par les comités ZIP, SSL et les instances gouvernementales (SSL, s.d. c). En voici la description. La consultation se tient pendant une journée et demie, et elle est divisée en trois périodes de trois heures chacune. La première partie est consacrée à la présentation des principaux partenaires du programme ZIP et de conférences sur des thèmes locaux ou régionaux identifiés comme prioritaires par le comité ZIP. La deuxième période est consacrée à la présentation des quatre rapports techniques élaborés par les partenaires gouvernementaux. Finalement, la troisième période est consacrée aux ateliers au cours desquels les participants sont conviés à identifier les priorités d'action qui seront reprises par le comité ZIP dans le PARE. Le nombre des ateliers est fixé à trois au minimum afin de couvrir tous les aspects traités dans le bilan régional. L'animation des ateliers suit une procédure spécifique élaborée par les partenaires gouvernementaux: la méthode nominale (appendice D). Il faut souligner que cette méthode a été conçue pour un atelier qui regroupe un maximum de 20 personnes. C'est l'équipe gouvernementale qui se charge de l'animation des ateliers.

À l'issue de la consultation, le comité ZIP doit reprendre la liste des priorités d'action qui ont été déterminées et qui serviront d'assise pour l'élaboration du PARE (SSL, 1996). Ce PARE définira les actions à réaliser pour le comité ZIP. L'objectif de ce document vise à engager la population locale dans un processus consensuel de prise de décision afin que soient planifiés des projets concrets liés à la protection du Saint-Laurent. Il permet donc de regrouper dans un plan multisectoriel des actions concrètes qui devront être mises en oeuvre par les différents intervenants du milieu. Les prochaines lignes traceront un portrait des grandes étapes de l'élaboration et de la mise en oeuvre du PARE, tel que décrit dans un document de Stratégies Saint-Laurent (SSL, 1996).

Le comité ZIP doit travailler en collaboration avec le maximum d'intervenants susceptibles d'être engagés dans le processus. Il doit donc faire des représentations auprès des gouvernements et auprès de tous les intervenants concernés par les actions à poser. L'intégration de ces intervenants, dès l'identification des problématiques, vise à les responsabiliser et à rendre le PARE incontournable dans le milieu. Le rassemblement des intervenants s'effectue avec un esprit d'ouverture lors de discussions où les participants sont invités à expliquer leur réalité et à comprendre celle des autres membres réunis autour de la table. Le comité ZIP doit exercer un rôle de catalyseur en favorisant le consensus.

Le groupe de travail formé pour l'élaboration du PARE doit regrouper les énoncés issus de la consultation, selon des thèmes communs à une même problématique. Ce classement devrait faire ressortir les enjeux importants auxquels le PARE doit s'attaquer. Par la suite, un recrutement des membres du comité ZIP, intéressés à travailler sur les thématiques du PARE de leur choix, est effectué. Les sous-comités résultant de ce recrutement sont chargés de l'avancement des dossiers. Ceux-ci procèdent à l'identification des autres intervenants susceptibles d'être concernés par l'élaboration et la mise en oeuvre des priorités du PARE.

Finalement, des rencontres publiques sont planifiées en fonction des thématiques prioritaires soulevées au sein du PARE et des contraintes existantes. Le but principal de ces réunions thématiques est d'obtenir l'appui et l'assentiment du milieu sur les orientations prises par le comité ZIP. Elles ont également l'avantage de favoriser la circulation de l'information et de maintenir l'intérêt des communautés. Ce processus de validation en continu devrait se conclure par un événement à l'échelle du territoire du Comité ZIP. Cet événement prend la forme d'une mini-consultation d'une demi journée qui devrait permettre, pour une dernière fois avant son dépôt, la validation des éléments contenus dans le PARE.

La présentation de l'organisation formelle du programme ZIP terminée, il est maintenant possible de dépasser les caractéristiques théoriques pour se pencher sur les aspects pratiques. C'est le but du prochain chapitre qui décrit le système informel développé par les acteurs de deux comités ZIP.

CHAPITRE IV

LE SYSTEME D'ACTION CONCRET DE DEUX COMITES ZIP

Cette section présente les résultats de l'analyse des entretiens semi-directifs effectués auprès des acteurs oeuvrant dans la sphère de deux comités ZIP. L'anonymat des personnes a été respecté. Nous avons utilisé les transcriptions d'entretiens avec les acteurs, des informations et des documents sur les différents acteurs du système d'action (appendice A) et nous avons appliqué les principes de l'analyse stratégique. Les résultats ont été regroupés de manière à identifier les obstacles, communs aux acteurs, qui limitent la portée du mandat des comités ZIP. Il est important de souligner que ces obstacles correspondent à des sources d'incertitude liées à la structure organisationnelle des comités ZIP. Confirmant la théorie de l'analyse stratégique, les acteurs utilisent ces zones d'incertitude comme sources de pouvoir et comme assises à leurs jeux. Bien que les obstacles identifiés par les membres des coordinations et des conseils d'administration soient similaires, leurs visions sur ceux-ci diffèrent à certains niveaux. Ainsi, une section a été consacrée pour chacun de ces groupes d'acteurs afin d'exposer leurs visions et leurs rôles respectifs.

4.1 Le rôle et la vision des membres de la coordination

Les membres de l'équipe de coordination d'un comité ZIP jouent un rôle central dans l'atteinte des objectifs de l'organisme, comme la plupart des organismes sans but lucratif. L'équipe de coordination des comités ZIP étudiés, tout comme celle des huit autres comités ZIP existants, est composée de une à trois personnes. Le poste réservé à la coordination générale est un travail à temps plein. L'employé(e) assumant ce poste doit gérer l'ensemble des activités et du personnel de l'organisme selon les décisions du conseil d'administration; il doit donc veiller à tout. Les autres postes, assumés par des « agents administratifs », sont à temps partiel et plus récents. En effet, ces postes ont été officiellement créés à la suite de l'annonce d'une hausse de l'aide financière que leur accordent les instances gouvernementales dans la nouvelle entente qui couvre la période 1998 à 2003. Les tâches de l'équipe de coordination sont multiples, mais elles peuvent être regroupées en trois catégories : l'administration, la communication et le suivi avec les membres du conseil d'administration et les bénévoles, ainsi que la représentation de l'organisme auprès des instances et des populations locales et régionales. Ces trois catégories sont détaillées dans les paragraphes qui suivent.

Les tâches reliées à l'administration et à la permanence de l'organisme comprennent : le suivi des appels téléphoniques, la comptabilité, la recherche de financement, la rédaction des rapports justifiant l'aide financière accordée par les instances gouvernementales, le suivi avec les deux autres instances du programme ZIP et la coordination des employés et des bénévoles.

La deuxième catégorie de tâches incombant à l'équipe de coordination est reliée à la communication et au suivi avec les membres du conseil d'administration et les bénévoles. Par exemple, l'employé(e) occupant cette fonction devra veiller à la préparation des réunions des différentes instances du comité ZIP et assurer le suivi avec celles-ci. Les différentes instances du comité ZIP sont le comité exécutif, le conseil d'administration et les sous-comités créés pour l'élaboration et la mise en oeuvre du Plan d'action et de réhabilitation écologique (PARE). Il arrive fréquemment que la personne assumant le poste de coordination générale, en plus d'organiser les réunions, participe aux différentes réunions du comité ZIP. Elle doit également encadrer le travail des bénévoles de l'organisation.

Finalement, la troisième catégorie de tâches est reliée à la représentation de l'organisme auprès des instances locales et de la population. Cela consiste principalement à organiser les consultations publiques nécessaires à l'élaboration du PARE et à assurer un suivi avec la population et les acteurs concernés par la mise en œuvre des projets du PARE. Ces acteurs proviennent de secteurs multiples : industriel, municipal, environnemental, socioéconomique, civil et/ou gouvernemental.

La longue liste des tâches énoncées ci-haut n'est pas exhaustive : cette description portait en réalité sur les responsabilités qui incombent à une ou deux personnes seulement. Ainsi, on peut d'ores et déjà supposer que la personne assumant la coordination générale assumera bénévolement certaines de ces tâches. Cela est d'ailleurs confirmé par les entrevues réalisées. Un commentaire recueilli lors d'un entretien résume bien la perception d'une majorité d'acteurs du conseil d'administration face à cet aspect « bénévole » du poste de coordination : « Le poste de coordonnateur devrait être assumé par un type de personne bien particulier. Il devrait être réservé à une personne habituée à travailler dans le milieu communautaire, et qui a déjà fait du bénévolat, puisque ce n'est pas un travail accompli pendant du 9h00 à 5h00 ».

En raison du manque de ressources humaines et matérielles, certaines tâches risquent d'être négligées au profit d'obligations plus urgentes. En effet, selon un membre de l'équipe de coordination : « Nous n'avons pas le temps d'effectuer un réel suivi des projets réalisés : nous passons d'un projet à l'autre en réalisant ceux qui sont les plus urgents». Pour gagner du temps et pour faire avancer les projets du PARE, l'équipe de coordination tente donc de responsabiliser davantage les membres et les bénévoles en leur déléguant des tâches.

Mais quelles sont les tâches à réaliser qui causent vraiment des soucis aux équipes de coordination des deux comités ZIP étudiés? À la suite des entrevues, il a été possible d'identifier quatre principales catégories d'obstacles qui nuisent à l'accomplissement de leur mandat: la concertation, le financement en partenariat avec les instances gouvernementales, la reconnaissance de l'organisme par les milieux régional et local ainsi que l'accessibilité aux connaissances scientifiques.

4.1.1 La gestion des conflits

Selon les membres de l'équipe de coordination, les comités ZIP sont des organismes voués à la protection du fleuve, qui fonctionnent comme beaucoup d'autres organismes communautaires. Cependant, les moyens dont ils disposent pour parvenir à leur objectif sont différents des groupes de pression écologistes traditionnels. Une personne de l'équipe de coordination notait: « Les comités ZIP n'ont pas le même rôle que les groupes écologistes traditionnels. Le rôle des groupes écologistes consiste à dénoncer les actions répréhensibles pour l'environnement, alors que le nôtre consiste à rassembler tous les groupes présents dans la communauté dans le but de sauver le fleuve. Ce sont deux rôles différents, mais qui sont tout aussi importants ».

De ce rôle découlent certaines difficultés pour les équipes de coordination. En effet, dans ces lieux de concertation, les prises de décision sont basées sur l'atteinte du consensus entre les différents membres. Il est facile de concevoir qu'en raison de la composition « hétéroclite » du conseil d'administration et des fortes probabilités de conflits, la personne assumant la coordination générale a souvent un rôle de conciliatrice. Pour diminuer la fréquence des conflits, le programme ZIP a privilégié la concertation entre les acteurs. Malgré tout, cet arbitrage des conflits prendrait beaucoup de temps et ralentirait la mise en œuvre des projets environnementaux. Les paroles d'un membre du conseil d'administration traduisent bien cette perception générale : « Par exemple, il a fallu deux ans de pourparlers avant que cela débloque pour obtenir un consensus au sein d'un de nos comités qui travaillait simplement sur l'élaboration d'un projet du PARE ». En fait, puisque, dans la réalité, la plupart des projets du PARE impliquent un grand nombre d'acteurs et beaucoup d'investissements des partenaires, il n'y a que peu de projets de réhabilitation du fleuve Saint-Laurent et de récupération de ses usages qui font l'unanimité. La période du passage à l'action est donc très longue.

Les membres de l'équipe de coordination tentent donc de résoudre les conflits en trouvant les points communs entre leurs intérêts respectifs. « Lors des réunions, chacun dit son point de vue s'il y a un conflit. On s'arrange pour amener plus d'informations afin d'éclairer les partis ». La communication avec tous les membres du conseil d'administration et la confiance qu'ils ont envers leur personnel sont donc très importantes pour l'équipe de coordination. Comme une coordonnatrice générale le mentionnait : « C'est très important de garder le contact avec les membres. Tout le monde rigole en disant que je suis toujours au téléphone, mais c'est une des composantes importantes de mon travail».

4.1.2 Le financement et le partenariat avec les instances gouvernementales

L'équipe de coordination consacre beaucoup de temps et d'énergie aux tâches administratives reliées à la recherche de financement et au suivi requis lorsqu'une aide est accordée. En général, l'octroi de subventions gouvernementales entraîne une charge supplémentaire de travail administratif. Une personne de l'équipe de coordination disait à ce sujet : « Le gouvernement a augmenté l'aide financière qu'il accorde à notre organisme, mais il en demande plus en retour ».

En effet, les instances gouvernementales demandent aux organismes bénéficiant de leur aide financière de se conformer à plusieurs de leurs conditions. Selon un des membres de l'équipe de coordination : « Si on ne réalise pas les actions et les projets que nous avions indiqués dans le plan d'affaire, alors SLV 2000 peut retenir notre aide financière. D'ailleurs, c'est ce qui est déjà arrivé à une des ZIP, il y a quelques années ». Les conditions auxquelles les organismes doivent se plier pour bénéficier d'une aide financière sont multiples. On peut citer notamment la rédaction de nombreux rapports et documents. L'équipe de coordination a donc souvent l'impression de passer plus de temps à remplir des papiers qu'à faire avancer les dossiers de fond de l'organisme. Un membre affirmait : «La rédaction des demandes de subventions, des rapports d'activités d'étapes, des rapports d'activités cumulatifs et tout ce qui s'ensuit prend beaucoup de temps. Les organismes qui nous subventionnent semblent croire que nous avons les mêmes effectifs qu'eux. En plus de prendre beaucoup de notre temps, le financement nous lie moralement ».

Le partenariat qui s'est établi avec les instances gouvernementales leur semble inéquitable. En effet, les membres responsables de la coordination générale ont l'impression de toujours courir pour honorer les délais imposés par les instances gouvernementales, alors que ces dernières sont la plupart du temps en retard pour les subventionner. Les nombreux retards dans les rentrées de subventions gouvernementales occasionnent un ralentissement dans le fonctionnement de l'organisme, une diminution de sa crédibilité et conséquemment de la participation de nouveaux acteurs.

Un autre aspect semblant apporter des difficultés à l'intégration et à la coopération entre les comités ZIP et les instances gouvernementales est lié à leurs différences de structures organisationnelles. En effet, les comités ZIP fonctionnent selon un modèle communautaire, alors que les instances gouvernementales fonctionnent selon un modèle bureaucratique. Chez les premiers, le cadre organisationnel est peu délimité, et la réalisation des activités repose sur le bénévolat alors que chez les seconds, il est plus formel et le personnel est rémunéré. Plusieurs membres de l'équipe de coordination perçoivent une incompréhension des acteurs gouvernementaux, municipaux et du secteur privé face à la réalité et au mode de fonctionnement des groupes communautaires en environnement. À ce propos, une personne mentionnait : « Les OSBL ont une mentalité différente des autres groupes, tels que les municipalités, les industries ou le gouvernement. C'est ce qui fait leur force. Pourtant, cela n'est pas toujours compris par les autres groupes qui peuvent trouver notre mode de fonctionnement inefficace».

À l'inverse, la même critique est reprise par la direction et par la majorité des membres du conseil d'administration à l'égard du gouvernement. En effet, selon eux, les décisions et les actions gouvernementales sont excessivement lentes en raison de la structure trop rigide et hiérarchique de l'État. « Par exemple, alors que la phase 3 du PASL est entamée, les fonctionnaires ne sont rendus qu'à sa préparation».

Les solutions trouvées par l'équipe de coordination pour contrer les incertitudes reliées au financement sont de deux ordres. Premièrement, pour gagner du temps, elles s'adaptent aux conditions imposées par le gouvernement en développant des outils. Voici ce que rapporte un membre du personnel: « Maintenant, je tiens un journal de bord sur tout ce que j'ai fait dans la journée. Cela facilite la rédaction des rapports d'étapes, du plan d'affaire et des autres types de rapports demandés par SLV 2000 ». L'autre moyen trouvé consiste à avoir des échanges avec certains fonctionnaires du programme SLV 2000, ce qui permet de réduire l'incertitude reliée au financement et aux procédures bureaucratiques.

4.1.3 La reconnaissance de l'organisme par les milieux régional et local

Une des grandes préoccupations des membres de l'équipe de coordination est de mieux faire connaître leur organisme et de le faire accepter du milieu sociopolitique régional et local. La reconnaissance des comités ZIP dans leur milieu est importante, car ils sont mandatés pour représenter les intérêts de la population et des différents groupes présents sur leur territoire. Bien qu'ils aient obtenu une reconnaissance officielle des instances gouvernementales à travers le programme PASL, maintenant appelé SLV 2000, cette reconnaissance à l'échelon local et régional ne va pas nécessairement de soi. Un membre de l'équipe de coordination déclarait : « Les organismes et les gens du milieu ne connaissent pas suffisamment notre organisme et ont tendance à ne pas le prendre au sérieux ». Ceci semble être le cas pour plusieurs municipalités et municipalités régionales de comté (MRC) présentes sur leur territoire.

Ce manque de reconnaissance de la part des instances municipales a également été soulevé par plusieurs membres du conseil d'administration. Jusqu'à tout récemment, le nombre de sièges réservés au secteur municipal au conseil d'administration était très difficile à combler pour les deux comités ZIP étudiés. Pour les membres de l'équipe de coordination, ce manque de représentativité du champ municipal, au sein de leur organisation, doit être comblé si l'organisme veut conserver sa crédibilité. Le travail de représentation auprès des municipalités et des MRC est donc très important pour ceux-ci. Pour diverses raisons, certains représentants municipaux semblent percevoir les comités ZIP comme une menace à leur système. Un acteur mentionne à ce sujet : «Nos premières rencontres avec les municipalités étaient plus difficiles, car elles nous percevaient comme une menace, un genre de police de l'environnement ».

Malgré ces difficultés, un des comités ZIP étudiés a récemment réussi à combler tous les sièges de son conseil d'administration réservés au milieu municipal, en faisant une tournée des municipalités comprises sur son territoire. La stratégie de recrutement comprenait deux étapes. Il fallait d'abord engager une personne chargée de faire une « tournée » des municipalités pour les renseigner sur les objectifs et le mode de fonctionnement des comités ZIP. Par la suite, un colloque portant sur un sujet les touchant directement a été organisé. Ces deux actions semblent avoir réglé partiellement le manque de représentativité de ce secteur au sein du conseil d'administration.

Ainsi, lors d'une entrevue, un acteur municipal soulignait qu'il s'était engagé parce que « la ZIP prend de plus en plus d'importance, elle est reconnue par le gouvernement ». Cependant, la présence de ces représentants aux réunions demeure incertaine. En effet, seulement un ou deux représentants du milieu municipal assistent réellement aux réunions du comité ZIP, mais irrégulièrement. Leur présence au conseil d'administration semble principalement motivée par la défense des intérêts de leur municipalité : « La ZIP présente les projets qu'elle veut réaliser. En tant qu'administrateur, si je crois que le milieu municipal risque d'être en désaccord avec celui-ci, je le mentionne», affirme un des représentants. De plus, leur engagement dans les projets demeure superficiel en raison des restrictions budgétaires et de leur volonté de se faire réélire. Ainsi, ils ne participeront qu'à des projets environnementaux ne risquant pas de soulever une controverse dans la population. Comme le résume bien un des acteurs : « Les municipalités, il faut les impliquer dans des projets concrets qui paraîtront bien aux yeux de la population, mais sans leur demander de l'argent ».

Un autre problème rencontré par les membres de l'équipe de coordination est lié à la reconnaissance des comités ZIP par les instances gouvernementales régionales, tels la direction régionale du ministère de l'environnement ou les différents ministères impliqués dans le programme SLV 2000. À ce propos, un membre précise : « Notre organisme a dû résoudre un autre problème, celui d'être connu des petits fonctionnaires. Lorsqu'on appelait un ministère ou la direction régionale du MEF, les fonctionnaires ne savaient pas ce qu'était un comité ZIP ». Au début, il semblait exister une certaine compétition entre les fonctionnaires et les comités ZIP. A ce sujet, quelqu'un a déclaré : « Au début, les petits fonctionnaires étaient probablement méfiants, car ils pensaient qu'on allait prendre leur emploi ». Pourtant, il semble que cette perception ait changé au fil du temps. Il est possible que la répartition égale de l'enveloppe budgétaire entre les trois instances, le gouvernement fédéral, le gouvernement provincial, Stratégies Saint-Laurent et les comités ZIP, ait facilité l'acceptation des comités ZIP dans le système. Un membre de l'équipe de coordination disait : « Ils se sont aperçus que notre travail était complémentaire. Ils ont compris qu'on ne leur enlève pas leurs emplois, on leur en fournit. Depuis ce temps, ce sont eux qui nous appellent pour avoir des informations ».

4.1.4 L'accessibilité aux connaissances scientifiques

L'accessibilité aux informations scientifiques est très importante pour les membres de l'équipe de coordination, car ces connaissances sont nécessaires à l'élaboration et à la mise en œuvre des projets du PARE, dont les besoins techniques sont souvent très raffinés. Les informations scientifiques sont utilisées en tant qu'outil « objectif » lors des débats entre experts qui se produisent fréquemment lors des réunions. Dans les comités ZIP, ces connaissances scientifiques et techniques proviennent théoriquement de l'expertise présente au sein de l'appareil gouvernemental. Ces connaissances sont accessibles aux comités ZIP selon deux avenues.

Premièrement, des personnes-ressources, appelées « antennes-gouvernementales », sont désignées en région parmi les ministères participant au plan d'action SLV 2000 pour faciliter l'accès à l'information disponible auprès de l'appareil gouvernemental (SLV 2000, 1995). En fait, ces personnes-ressources doivent diriger les comités ZIP auprès du ministère ou du fonctionnaire qui détient l'information pertinente et nécessaire à l'avancement et à la mise en œuvre des projets environnementaux du PARE. Les gouvernements peuvent en outre apporter un appui technique aux projets du PARE par la participation *ad hoc* d'experts, en fonction des ressources disponibles.

Malheureusement, ces informations et cet appui technique ne seraient pas aisément accessibles et l'antenne gouvernementale elle-même s'y retrouverait difficilement dans les dédales de l'appareil étatique. À ce propos, un membre du personnel mentionnait que « maintenant cela s'améliore, mais cela a toujours été difficile de trouver le bon expert dans les différents ministères ». Selon les membres de l'équipe de coordination, la difficulté de l'antenne gouvernementale à combler son rôle provient des modifications structurelles fréquentes apportées par le gouvernement, qui entraînent un roulement du personnel. A chaque remaniement institutionnel, le fonctionnaire doit prendre le temps de s'approprier le dossier du programme ZIP, ce qui constitue d'ailleurs pour lui une tâche parmi tant d'autres. Finalement, comme les modifications structurelles ont touché plusieurs fonctionnaires, la prise de contact, tant pour l'antenne gouvernementale que pour les acteurs du comité ZIP, est à recommencer. Comme le dit si bien une personne de l'équipe de coordination : « Tout ce remue-ménage rend difficile la réalisation des projets. Lorsque l'on veut obtenir de l'information, nous perdons beaucoup de temps, car ils nous passent d'un fonctionnaire à l'autre ».

Pour se retrouver à travers ce « labyrinthe » gouvernemental, les membres du personnel tentent de conserver leurs liens avec les fonctionnaires qui connaissent le système depuis longtemps. Ils négocient et échangent, de part et d'autre, plusieurs informations qui faciliteront leur travail respectif. Il s'installe donc un échange de « bons procédés » entre certains fonctionnaires et les membres de l'équipe de coordination. Un de ces-derniers notait : « Certains fonctionnaires nous transmettent des informations que nous aurions beaucoup de difficulté à obtenir sans eux ». De plus, les membres de l'équipe de coordination afin de gagner du temps, tentent le plus possible de quérir l'expertise qui leur sont nécessaire dans leur entourage immédiat, c'est-à-dire au sein du conseil d'administration. En effet, la plupart des administrateurs provenant du milieu industriel possèdent diverses connaissances techniques (par leur formation d'ingénieur) et ceux provenant du milieu environnemental possèdent diverses connaissances écologiques.

Deuxièmement, l'appareil gouvernemental rend disponibles les informations sur le fleuve Saint-Laurent détenues par ses différents ministères en publiant des bilans environnementaux régionaux. Ces derniers bilans servent de base à la consultation publique que doit préparer chaque comité ZIP. À ce propos, les membres de la coordination et la plupart des acteurs du conseil d'administration ont soulevé divers problèmes. Toutefois, ce sont les problèmes soulevés par les membres de l'équipe de coordination qui seront mentionnés ici pour éviter une redondance des informations. Une section est consacrée à cette problématique dans celle qui traite de la vision des membres du conseil d'administration.

Tout d'abord, selon les membres du personnel, l'intervalle de six semaines, prévu entre la réception du bilan environnemental et la tenue de la consultation publique, est trop court pour permettre aux membres du comité ZIP de prendre pleinement connaissance de son contenu. Cela les empêcherait de bonifier le bilan régional par leur savoir du milieu tel qu'énoncé formellement dans le document de SSL intitulé *Étapes de l'opération ZIP*. Une personne de l'équipe de coordination précise que « la majorité des gens du conseil d'administration n'ont pas eu le temps de le lire. Moi-même, je n'ai pas encore eu le temps de le lire au complet ». De plus, ce document est rarement déposé avant la période minimale prévue de six semaines. Il est arrivé fréquemment que le bilan technique relié à la santé humaine ne soit disponible qu'après la consultation publique. La population et les membres des comités ZIP ne disposant pas de cette information, il leur est difficile de brosser un tableau complet de la situation environnementale de leur région. Cette absence d'informations peut d'ailleurs influencer les projets environnementaux qui seront considérés comme prioritaires par les populations locales et régionales.

Finalement, le dernier problème soulevé est relié à la transmission des informations gouvernementales. Selon plusieurs acteurs, il serait arrivé fréquemment que les instances gouvernementales envoient les rapports scientifiques aux industries avant de les transmettre à la coordination des comités ZIP. Les commentaires d'un membre de l'équipe de coordination reflètent bien les obstacles à l'accès à l'information auxquels les comités ZIP sont confrontés : « Maintenant, nous recevons plus fréquemment les nouveaux documents scientifiques produits par les instances gouvernementales. Mais, auparavant, certaines industries recevaient les documents produits par SLV 2000, alors que notre organisme ne les recevaient pas ».

4.2 Le rôle et la vision des membres du conseil d'administration

Avant d'exposer la vision des membres du conseil d'administration sur les obstacles qui limitent la portée du mandat des comités ZIP, un bref rétrospectif du contenu énoncé dans les documents officiels sera réalisé afin de replacer les acteurs dans leur contexte formel. Le conseil d'administration d'un comité ZIP, à l'instar de la plupart des organismes à but non lucratif, doit gérer et diriger les affaires de l'organisme en conformité avec les règlements généraux. Selon ces règlements, sa mission consiste à orienter les activités de l'organisme vers la protection et la restauration de la section fluviale présente sur son territoire, notamment par la réalisation du plan d'action et de réhabilitation écologique (PARE). Le PARE est élaboré et mis en oeuvre dans un esprit de concertation entre les différents intervenants impliqués.

Formellement, la composition du conseil d'administration (CA) d'un comité ZIP doit être largement représentative des différents acteurs intervenant sur son territoire, et chaque acteur intéressé à s'y engager devrait y avoir accès (SSL, s.d. a). En règle générale, il existe 20 sièges à combler au sein du CA qui sont octroyés aux représentants des cinq milieux suivants: industriel, socioéconomique, environnemental, municipal et civil. Aucun de ces secteurs ne devrait, en ce qui concerne leur représentativité, se trouver en position de dominance. Comme il est d'usage, le conseil d'administration nomme généralement parmi ses membres les officiers qui formeront le comité exécutif. Dans la plupart des cas, des sous-comités sont formés pour veiller à l'élaboration et à la mise en œuvre des projets découlant du PARE.

Il est maintenant possible de donner une description des obstacles qui limitent la portée du mandat des comités ZIP à partir des entrevues réalisées avec les membres du CA. Pour faire l'analyse des entrevues, il a fallu consulter les documents officiels et recourir aux principes de l'analyse stratégique. Comme nous l'avons déjà mentionné, bien que les obstacles identifiés par les membres des équipes de coordination et des conseils d'administration soient similaires, leurs visions sur ceux-ci diffèrent à certains niveaux.

C'est pour exposer leurs visions respectives qu'une section a été consacrée à chacun de ces groupes d'acteurs.

Les mêmes catégories d'obstacles à l'atteinte satisfaisante du mandat des comités ZIP ont été soulevées, c'est-à-dire la concertation, le financement en partenariat avec les instances gouvernementales, la reconnaissance de l'organisme par le milieu régional et local ainsi que l'accessibilité aux connaissances scientifiques. Cependant, deux autres préoccupations sont exclusives aux membres du CA : celles reliées à la coordination de l'organisme et à l'inégalité des ressources entre les acteurs. Les sections suivantes exposent la vision des membres du CA face à chacune de ces catégories d'obstacles et se réfèrent, au besoin, aux cadres formel et théorique précédemment définis. La section réservée à la concertation suit les cinq autres, car la lecture de ces dernières facilitera la compréhension du lecteur face au système d'action décrit.

4.2.1 La coordination de l'organisme

Selon l'avis de tous les acteurs interrogés, l'équipe de coordination est la composante essentielle pour assurer un bon fonctionnement de l'organisme. Comme le dit si bien un des acteurs interrogés : « C'est la coordonnatrice qui est le moteur de la ZIP ». En effet, le mode de fonctionnement développé par le comité ZIP centralise la position de la personne responsable de la coordination de l'organisme. Cela peut s'expliquer en raison du caractère bénévole du travail du conseil d'administration, ce qui limite le temps consacré à la gestion des actions et du fonctionnement de l'organisation. Dans ces circonstances, il est impossible pour le CA d'être au courant de tout ce qui se passe : il doit alors se fier à la personne responsable d'assumer la coordination générale de l'organisme. Ainsi, lors des réunions du conseil d'administration, le président joue son rôle d'animateur, mais c'est généralement la ou le responsable de la coordination générale qui explique les points prévus à l'ordre du jour. En effet, c'est généralement elle ou lui qui rédige l'ordre du jour.

Si la personne responsable d'assumer la coordination générale occupe une position centrale au sein de l'organisme, c'est à cause du modèle choisi pour la circulation de l'information au sein de la structure organisationnelle du programme ZIP. En effet, dans cette structure, cet acteur sert de relais entre les instances du programme ZIP, c'est-à-dire Stratégies Saint-Laurent, les partenaires gouvernementaux impliqués et les membres du comité ZIP. Comme un des membres du CA le mentionnait : « Le MEF et Environnement Canada discutent entre eux. Ils refilent l'information à Stratégies Saint-Laurent, qui la transmet aux comités ZIP par l'intermédiaire de la personne responsable de la coordination. C'est donc cette dernière qui connaît le mieux la structure du programme ZIP ». Un autre acteur résume également bien l'opinion de toutes les personnes interrogées : « Notre coordonnatrice sait tout, elle est un bon point de référence pour tous ».

Le choix de la personne qui comblera ce poste revêt une grande importance pour les membres du CA. Lors de la collecte des résultats, la coordination générale de l'organisme a été désignée comme étant un des principaux problèmes dans l'un des comités ZIP, alors que dans l'autre tous les acteurs étaient largement satisfaits. En effet, dans l'un, la personne responsable de la coordination générale venait d'être congédiée, alors que, dans l'autre, celle-ci occupait cette fonction depuis la création de l'organisme. Dans ce dernier comité ZIP, chacun des acteurs appréciait grandement le travail de la personne responsable de la coordination générale. Cette dernière était considérée sans conteste comme « la référence » pour tous les acteurs désirant obtenir des informations sur le programme ZIP. Les membres du conseil d'administration ont défini, au cours des entrevues, certaines caractéristiques que doit posséder la personne assumant les tâches liées à la coordination générale. Si le profil de la coordonnatrice ou du coordonnateur correspond à ces critères, il semble que son acceptation soit sanctionnée par la plupart des acteurs du système. Ces caractéristiques sont décrites dans les paragraphes suivants.

La principale caractéristique mentionnée par la majorité des membres du CA a trait au temps supplémentaire effectué par la personne responsable de la coordination générale de l'organisme et à la souplesse de ses disponibilités. En d'autres termes, une coordonnatrice ou un coordonnateur qui assume bénévolement certaines tâches « prouve » son engagement à la cause, ce qui produit un effet d'entraînement chez les membres de l'organisme. À ce propos, un membre du CA mentionnait : « Notre responsable à la coordination travaille beaucoup et fait souvent des heures supplémentaires. C'est valorisant pour les membres du conseil d'administration ».

L'autre caractéristique primordiale, pour les membres du CA, se rapporte aux talents de médiation de la personne assumant le poste de la coordination générale. Une attitude d'ouverture face aux diverses opinions émises au sein de l'organisme accentue fortement sa légitimité auprès des membres. Elle doit donc être capable de trouver le dénominateur commun entre les diverses opinions émises afin de rallier la majorité. Cependant, pour que cette personne puisse jouer adéquatement ce rôle de conciliation, elle doit pour être crédible, démontrer sa neutralité en évitant de favoriser un camp en particulier. Les propos d'un acteur résument bien cette idée : « La personne responsable de la coordination générale conservera sa crédibilité et son leadership pour autant qu'elle n'est pas rattachée spécifiquement à l'un ou l'autre des milieux réunis à la table ou qu'elle n'ait pas d'antécédents avec un de ceux-ci».

4.2.2 Le financement et le partenariat avec les instances gouvernementales

Les incertitudes reliées au financement et au partenariat avec les instances gouvernementales ont été soulevées par tous les acteurs comme un problème central nuisant au bon fonctionnement des comités ZIP. L'accès à des ressources financières adéquates constitue une condition préalable à l'embauche du personnel responsable de la coordination de l'organisme et à la réalisation des projets du PARE. En effet, plusieurs de ces projets de réhabilitation du fleuve Saint-Laurent demandent des sommes colossales de la part des divers partenaires. Dans cette section, le partenariat avec les instances gouvernementales a été juxtaposé à la problématique du financement. En effet, les instances gouvernementales sont devenues les bailleurs de fonds des organismes étudiés à travers le volet programme ZIP du Plan d'Action Saint-Laurent Vision 2000 (SLV 2000).

La plupart des acteurs croient que l'aide financière accordée est insuffisante pour accomplir la mission ultime des comités ZIP, soit la protection et la réhabilitation du fleuve Saint-Laurent. Selon plusieurs personnes, la mise en œuvre du programme ZIP ne serait qu'un simulacre et les faibles sommes investies traduiraient un manque de volonté politique. Un acteur provenant du milieu socioéconomique mentionnait d'ailleurs à ce sujet : « Du côté gouvernemental, il n'y a pas trop d'efforts effectués. C'est seulement en apparence, car le fond de leurs discours tourne autour du néolibéralisme ». Les comités ZIP sont sans doute assurés d'un financement gouvernemental statutaire, il semble pourtant que celui-ci soit insuffisant pour réaliser la plupart de leurs projets de protection et de réhabilitation du fleuve. En fait, ce fonds sert essentiellement au roulement et à la gestion de l'organisme.

Malgré cette incertitude financière, certains acteurs avouent qu'il est plus facile pour un organisme environnemental de concertation de se faire subventionner ou commanditer qu'un organisme environnemental de pression « traditionnel ». A ce sujet, plusieurs groupes écologistes voient d'un mauvais œil que le travail de « chien de garde » pour la protection de l'environnement ne soit pas reconnu par le gouvernement, contrairement au travail de concertation. Des acteurs provenant de différents milieux se questionnent d'ailleurs sérieusement sur la pertinence d'investir tant de fonds publics dans les multiples organismes de concertation créés depuis une dizaine d'années, tel que les comités ZIP. Un membre provenant du secteur socioéconomique fait ce constat: « Il y a trop de tables de concertation et trop de chevauchement. Par exemple, quelle est la différence entre les objectifs des CRE et ceux des ZIP mis à part du fait que l'un est fédéral et que l'autre est provincial? Les énergies sont insuffisantes pour participer à toutes ces tables et cela diminue l'argent disponible ».

Les comités ZIP sont souvent mentionnés comme étant des organismes ayant un mandat complémentaire à celui des gouvernements ou même comme étant des extensions régionales. Comme le signalait un acteur industriel : « Les fonctionnaires bénéficient des projets de la ZIP, car cela fait avancer leur mandat. La ZIP permet au gouvernement de récolter plus facilement l'information et d'aller chercher la collaboration des groupes du milieu, particulièrement des industries». Ce partenariat avec les instances gouvernementales soulève une insatisfaction généralisée chez la majorité des acteurs de tous les milieux impliqués. A leur avis, ce partenariat est inéquitable.

La principale raison invoquée réside dans le déséquilibre entourant la diminution de leur autonomie d'action en échange du financement gouvernemental. Voici les propos rapportés par un acteur au cours d'une entrevue : « Le gouvernement fournit de l'argent, mais il en demande toujours plus en retour. De plus, il a un droit de regard à cause de ça sur les projets de la ZIP ». Non seulement le partenariat avec les instances gouvernementales influencerait le choix des projets environnementaux prioritaires, mais il empêcherait les prises de position sur certains sujets. Comme le dit un des acteurs : « Les comités ZIP ne peuvent se positionner sur des sujets trop chauds puisque la structure elle-même est politique ».

La reconnaissance financière ne se traduirait pas par une réelle volonté gouvernementale de les intégrer au processus décisionnel. Selon un membre du conseil d'administration, « les fonctionnaires, surtout ceux travaillant à la direction régionale du ministère de l'environnement du Québec, n'acceptent pas de reconnaître la ZIP et ses droits ». Ce manque de volonté accentuerait les obstacles se présentant afin d'en arriver à réaliser les projets environnementaux inclus dans le PARE. Un autre acteur reconnaît que « la ZIP ne peut pas vraiment passer à l'action, car elle n'a pas le pouvoir de dire au gouvernement ce qu'il doit faire». Un autre aspect conduit certains membres à affirmer que les gouvernements ne s'engagent pas réellement dans le programme ZIP. C'est la quasi-inexistence de la promotion du programme ZIP auprès du public.

Selon l'avis de certains, les comités ZIP actuels seraient le fruit d'un concept initial provenant du milieu qui aurait été graduellement intégré à un programme de l'appareil étatique. À ce sujet, un acteur environnemental affirme que « le gouvernement a volé l'idée initiale du concept ZIP qui provenait des groupes environnementaux en l'institutionnalisant ». À la lumière des nombreuses entrevues réalisées et de la consultation de la documentation, il semble effectivement s'être produit un phénomène d'institutionnalisation. Ainsi, les instances gouvernementales ont commencé à déléguer certaines de leurs responsabilités de la gestion environnementale du fleuve Saint-Laurent aux comités ZIP. Toutefois, les acteurs de ces organismes n'ont pas l'impression de posséder les ressources humaines et financières suffisantes pour remplir certaines des fonctions déléguées par les instances officielles. Cette charge de responsabilités, déléguée indirectement par le gouvernement, est donc perçue supérieure à ce qu'ils reçoivent en échange.

Il est important de souligner que cette délégation de responsabilités semble se produire à un niveau informel. Les limites entre le rôle des instances gouvernementales impliquées dans la gestion de l'environnement et celui des comités ZIP apparaissent donc relativement floues. Voici un extrait d'entrevue qui illustre concrètement le flou entourant les responsabilités de chacun : « Les MRC, pour faire les schémas d'aménagement, ont besoin des données sur les activités industrielles. Pour avoir ces données, elles appellent au MEF qui les envoie à notre ZIP. Il y a quelque chose qui ne marche pas dans ça. C'est leur rôle d'avoir ces informations et de les mettre à jour. La ZIP n'a pas ces connaissances. Ce n'est pas son rôle, mais celui du MEF ».

À la lecture de ces entrevues, on constate certains paradoxes entourant le partenariat entre les comités ZIP et les instances gouvernementales. Toutefois, le message principal des acteurs apparaît assez simple. Les acteurs voudraient que le gouvernement fournisse davantage de fonds aux comités ZIP. Ils pourraient ainsi assumer leur mandat tout en conservant leur autonomie d'action et leur pouvoir sur les décisions. En attendant que ce vœu pieux soit exaucé, les acteurs d'un comité ZIP ont trouvé une solution pour réduire l'incertitude reliée à la dépendance du financement gouvernemental : la création d'un fonds monétaire indépendant qui mettrait en œuvre les projets environnementaux jugés prioritaires. Cette idée de créer une « fondation » indépendante est d'ailleurs reprise par l'ensemble des comités ZIP à travers Stratégies Saint-Laurent.

4.2.3 L'inégalité des ressources entre les acteurs

Selon plusieurs membres oeuvrant au sein du conseil d'administration des comités ZIP, l'inégalité des ressources est un obstacle à leur mandat, car cela entraîne un déséquilibre entre les forces en présence. Cette vision des membres du CA est exposée plus loin. Les membres du conseil d'administration sont tous mandatés par l'organisme ou par l'employeur qu'ils représentent au sein du comité ZIP. Cependant, ils ne sont pas payés par le comité ZIP pour effectuer ce travail de gestion. De fait, si leur organisme ou leur employeur ne les dédommage pas, leur travail est bénévole. Pour plusieurs membres du conseil d'administration, une inégalité règne parmi eux. Certains délégués ont la possibilité d'être partiellement rémunérés par l'organisme qu'ils représentent.

Voici la remarque d'un des acteurs interrogés : « Par exemple, dans l'un de nos sous-comités, certains y siègent en étant payés, alors que d'autres ne le sont pas ». Il semble donc y avoir un écart entre ceux qui s'engagent au sein du comité ZIP de façon « complètement bénévole » et ceux qui sont en partie rémunérés pour remplir leur mandat. En effet, la participation des acteurs industriels, gouvernementaux et de certains membres municipaux aux comités ZIP fait généralement partie de leurs tâches professionnelles. De plus, leur engagement peut favoriser leur avancement professionnel. Les administrateurs provenant d'organismes à but non lucratif, d'organismes à vocation sociale, des groupes environnementaux ou des regroupements de citoyens perçoivent leur engagement comme davantage bénévole et « moins intéressé ».

Pour ces acteurs, les forces présentes au sein des comités ZIP sont inégales. En effet, en plus de ne pas être rémunérés pour leur engagement au sein des comités ZIP, la plupart d'entre eux s'engagent ailleurs. Ainsi, ils auraient moins de temps et d'énergie à consacrer dans les comités ZIP que les acteurs, qui sont en partie rémunérés. Les propos de deux membres, provenant de milieux différents permettent de mieux comprendre cette perception commune aux acteurs. « Plusieurs grosses industries de la région siègent sur le comité exécutif. Cela leur donne un pouvoir énorme sur les projets environnementaux qui seront priorisés. D'après moi, ils sont en conflit d'intérêts ». Selon un autre membre du conseil d'administration représentant les citoyens : « Les groupes écologistes ne possèdent pas les moyens pour faire des contre-expertises. Cela débalance l'équilibre entre eux et les industries ». Plusieurs acteurs partageaient ce point de vue.

4.2.4 La reconnaissance de l'organisme par les milieux régional et local

Les incertitudes reliées à la reconnaissance des comités ZIP par la population et les autres structures organisationnelles jouant un rôle dans la politique locale et régionale ont été soulevées par plusieurs acteurs comme un obstacle à leur mandat. Après l'analyse des entrevues, il est possible de regrouper les problèmes rencontrés à ce niveau en trois catégories : la reconnaissance par les populations locales, la reconnaissance par les municipalités et les MRC ainsi que la reconnaissance par les structures organisationnelles régionales mises en place par le gouvernement provincial.

Avant de décrire les difficultés éprouvées par les comités ZIP à se faire reconnaître par les populations locales, un rappel des moyens utilisés pour fonder leur légitimité sera fait. Pour être reconnu par la population locale, les comités ZIP organisent une consultation publique et diverses rencontres sur des thématiques environnementales populaires. Ces consultations publiques prennent la forme de colloques d'une durée d'une journée et demie (SSL, s.d. c). Plus de la moitié du temps alloué est consacré à la présentation du programme ZIP et à l'exposé des connaissances scientifiques récoltées par les fonctionnaires.

Trois heures sont également consacrées, sous forme d'ateliers, à recevoir les projets environnementaux jugés prioritaires par la population pour la section du fleuve Saint-Laurent se trouvant sur leur territoire. En raison du court laps de temps accordé à cette période, les ateliers suivent une procédure spécifique et assez directive élaborée par les instances gouvernementales (appendice C). Les membres du comité ZIP peuvent également y participer et soumettre leur avis. Les priorités environnementales les plus populaires servent de base au travail du comité ZIP dans l'élaboration du plan d'action et de réhabilitation écologique (PARE). Le but de ce processus est de faciliter la réalisation des projets environnementaux choisis par la population en supposant qu'ils deviendront incontournables pour les acteurs gouvernementaux, économiques et municipaux.

À l'analyse des entrevues, la participation de la population à ces consultations publiques ne va pas toujours de soi. Les critiques face à cette problématique étaient particulièrement sévères chez les acteurs engagés dans un des deux comités ZIP étudiés. Un acteur d'un comité ZIP répliquait à cet égard : « Les fiches techniques du PARE sont basées sur les priorités ressorties de la consultation publique, mais il n'y avait qu'une trentaine de participants en comptant les membres de la ZIP. Ce n'est pas assez de monde pour assurer une crédibilité ». Les paroles d'un autre membre complètent ce portrait : « Les projets sont proposés par les gens au sein du comité ZIP et non par les citoyens ». Cette étape du programme ZIP revêt pourtant une grande importance pour la réalisation des projets environnementaux. En effet, lorsqu'il y a une trop faible participation des citoyens, cela a pour conséquences de diminuer la légitimité politique des comités ZIP et, donc, de réduire l'engagement des acteurs, qui est essentiel à la réalisation des projets environnementaux inclus dans le PARE.

Le deuxième obstacle soulevé par les acteurs est la reconnaissance de leur comité ZIP par le milieu municipal. En effet, il aurait été toujours difficile pour eux de recruter des représentants municipaux pour leur conseil d'administration. Comme le disait un acteur : « Nous avons de la difficulté à recruter les municipalités. Pourtant, c'est nécessaire de les avoir au sein de notre organisme ». Ce problème est souvent accompagné de conflits au sujet de la délimitation du territoire dans laquelle oeuvrera chacun des comités ZIP. Il est important de rappeler ici que ce territoire n'a pas été délimité selon les divisions administratives traditionnelles, mais selon une approche écosystémique développée par les instances gouvernementales et les comités ZIP.

Ces façons différentes de délimiter le territoire amènent des problèmes d'harmonisation entre les diverses instances organisationnelles. En effet, certains comités ZIP rassemblent sur leur territoire des municipalités situées sur les deux rives du fleuve Saint-Laurent. Sur le terrain, il est donc difficile de faire un plan environnemental unifié prenant en compte les réalités différentes de ces municipalités et de ces populations. Un extrait d'un PARE illustre concrètement cette réalité. Les particularités qui pourraient enlever le caractère anonyme de la démarche ont été omises. « Lors de la consultation publique, très peu de gens de la partie nord se sont engagés. Nous attribuons ce fait à la distance à parcourir pour se rendre sur les lieux de la consultation publique et parce que les gens de la rive nord ne s'identifient pas à ceux de la rive sud. C'est pourquoi, les membres ont résolu de céder les problématiques concernant la partie nord à un autre comité ZIP ». Ainsi, les comités ZIP doivent s'adapter à cette superposition de délimitation territoriale, car certaines municipalités incluses dans leur territoire préfèrent s'investir dans un autre comité ZIP. Ce travail d'harmonisation du territoire rencontre d'autres obstacles, car ces municipalités ne sont pas nécessairement habituées à collaborer. D'autres difficultés reliées à l'engagement du secteur municipal ont été soulevées par les membres du conseil d'administration, mais celles-ci ont déjà été exposées à la section 4.1.3 de ce mémoire.

Le troisième obstacle identifié par les acteurs se rapporte à la reconnaissance des comités ZIP par les organismes régionaux mis en place récemment par le gouvernement provincial dans son mouvement vers la décentralisation. Parmi ces organismes, on retrouve les centres locaux de développement (CLD), les conseils régionaux de développement (CRD) et les conseils régionaux de l'environnement (CRE). Il ressort des entrevues une ambiguïté en ce qui concerne la reconnaissance des comités ZIP par les deux paliers de gouvernement. En effet, même si formellement les deux paliers de gouvernement se sont unis dans la protection du fleuve Saint-Laurent à travers le programme SLV 2000, des zones d'ombre demeurent dans l'esprit de plusieurs. Selon l'opinion générale, la paternité de ce programme reviendrait au gouvernement fédéral. Cette situation affecterait leur reconnaissance auprès des instances régionales mises en place par le gouvernement provincial. Comme le remarquait un acteur provenant du milieu socioéconomique: « Quelle est la différence entre l'objectif d'un CRE ou d'une ZIP, à part que le premier est provincial et que l'autre est fédéral? ».

Ainsi, les comités ZIP, malgré leurs réticences, sont souvent associés à ce dernier. Cela affecterait leur reconnaissance auprès des CLD et des CRD. Un citoyen membre d'un comité ZIP déclare : « Les CLD n'acceptent pas de groupes environnementaux à leur conseil d'administration, à l'exception des CRE. Nous, qui sommes en plus subventionnés par le fédéral, n'y avons pas accès». Pourtant, leur engagement dans ces institutions régionales serait nécessaire, car on y prend des décisions qui pourraient avoir un impact majeur sur la section du fleuve traversant leur territoire. Malgré tout, un des comités ZIP étudiés a trouvé un moyen de contourner cet obstacle en tentant de s'associer avec des groupes membres pouvant siéger dans ces institutions pour être entendu.

Finalement, le chevauchement entre le mandat des comités ZIP et ceux des autres organismes environnementaux de concertation a également été soulevé comme un problème. Ces organismes sont les CRE et les comités de rivières ou les corporations de gestion par bassin versant. Alors que la « cohabitation » avec les comités de rivières se passerait de façon relativement harmonieuse, la cohabitation avec les CRE occasionnerait des frictions. Les commentaires suivants rendent compte des tensions entre ces deux organismes: « Le CRE est un groupe qui s'occupait d'abord d'une seule rivière. Ils ont maintenant étalé leur territoire sur toute la région, mais c'est trop grand pour eux. Ils travaillent un peu comme nous avec un plan d'action et des projets. Mais ils n'ont pas encore compris que le partenariat, c'est un échange ».

Afin de régler les problèmes de chevauchement entre ces organismes environnementaux de concertation, des ententes sont d'ailleurs en voie d'être conclues entre Stratégies Saint-Laurent, qui regroupe l'ensemble des comités ZIP, le Réseau d'OR, qui regroupe l'ensemble des comités de rivières, et le Réseau national des CRE du Québec. Ce phénomène de multiplication des tables de concertation en environnement, qui se confirme depuis une dizaine d'années, amène des acteurs provenant de différents milieux à se questionner sérieusement sur leur utilité. Les propos d'un acteur résument bien ce questionnement : « Il y a trop de tables de concertation et trop de chevauchement. Les énergies sont insuffisantes pour assister à toutes ces tables et cela diminue l'argent disponible. De plus, lorsque je regarde les gens qui s'impliquent dans ces lieux, ce sont toujours les mêmes ».

4.2.5 L'accessibilité aux connaissances scientifiques

L'analyse des entrevues démontre que, au sein des comités ZIP, l'accessibilité et la maîtrise des informations scientifiques constituent un élément essentiel pour l'avancement de plusieurs projets environnementaux, et bien souvent un obstacle à leur réalisation. Avant d'énoncer les raisons de leur importance, il semble pertinent de rappeler une étape cruciale du programme ZIP, soit la production des connaissances scientifiques. Les connaissances du tronçon fluvial traversant le territoire de chacun des comités ZIP sont fournies par des experts travaillant pour les deux paliers de gouvernement. Ce bilan environnemental prend la forme de quatre rapports techniques traitant des aspects biologiques, physico-chimiques, socioéconomiques et sanitaires (Chartrand et al., 1998). Les informations contenues dans ces quatre rapports techniques sont résumées dans un document appelé *Bilan régional*.

Ce bilan sert de document de référence lors des consultations publiques et au cours des discussions qui surviennent au sein des comités ZIP à propos des problématiques environnementales. En théorie, les comités ZIP le reçoivent au moins six semaines avant la tenue de la consultation publique afin de l'étudier, le commenter et l'enrichir en fonction des besoins de la population locale (SSL, s.d. a). L'information qu'il contient devrait donc être assez vulgarisée pour être comprise par l'ensemble de la population, ainsi que par les administrateurs siégeant aux comités ZIP. Finalement, les gouvernements peuvent apporter un appui technique complémentaire par la participation *ad hoc* d'experts provenant des différents ministères si un comité ZIP le leur demande.

Selon les commentaires recueillis lors des diverses entrevues réalisées, il apparaît que le bilan régional est peu utilisé par les acteurs des comités ZIP. Plus de la moitié d'entre eux ne l'ont même pas consulté. Un acteur dit à ce propos : « La coordination et un petit noyau du conseil d'administration s'y réfèrent, mais la majorité des administrateurs n'ont qu'un simple aperçu de ce bilan. Pour ma part, je n'en ai pas vraiment eu connaissance ». Deux caractéristiques principales du système peuvent expliquer ce phénomène : des niveaux de connaissances environnementales des acteurs qui sont très différents et une négligence réelle des intérêts et du savoir local par les instances gouvernementales. En effet, une caractéristique fondamentale des comités ZIP est de rassembler des acteurs provenant de milieux très diversifiés.

Certains de ces acteurs sont des experts en environnement, alors que d'autres sont des novices. En général, les détenteurs de connaissances scientifiques approfondies proviennent des milieux environnementaux et industriels.

Sur le terrain, on constate que le bilan régional n'est consulté que par les membres qui détiennent une bonne connaissance environnementale. Ces derniers se réfèrent d'ailleurs davantage aux rapports techniques, car le bilan n'est pas assez détaillé pour leurs besoins. Les autres administrateurs s'y réfèrent à peu près jamais. La principale raison avancée par ces acteurs est la spécialisation des informations scientifiques. Comme l'exprimait un acteur en entrevue : « Le bilan n'est pas assez vulgarisé pour certains membres et pour la population en général ». Puisque ces acteurs détiennent peu de connaissances scientifiques et peu de temps pour les approfondir, le bilan leur apparaît très rébarbatif. Ils se fient donc davantage aux « experts » de leur comité ZIP, qui proviennent généralement des milieux environnementaux et industriels. Il faut préciser que ces experts s'opposent mutuellement, la plupart du temps.

Selon la majorité des acteurs, les informations scientifiques compilées dans le bilan environnemental comporteraient des lacunes importantes. Même ceux qui ne l'ont pas vraiment consulté le soutiennent. Un acteur du milieu socioéconomique affirmait : « J'ai été surpris d'apprendre que les données datent de si longtemps ». Cette opinion partagée par l'ensemble des acteurs prend toute son importance lorsqu'il est question de mettre en œuvre un projet du PARE impliquant des intérêts économiques. En effet, comme les acteurs ont la perception qu'il existe de nombreuses zones d'ombre au niveau des connaissances scientifiques fournies par le gouvernement, les débats entre experts ont tendance à prendre trop de temps et d'énergie avant que les acteurs en arrivent à un consensus.

Les entrevues réalisées confirment que les « débats entre experts » sur les dossiers environnementaux se cristallisent autour des acteurs environnementaux et des acteurs industriels. Les « profanes » sont pratiquement exclus de ces discussions; ils se sentent dépassés par rapport à leur connaissance technique du dossier et aux règles du système. Comme le dit un acteur provenant du milieu socioéconomique : « Certains projets du comité ZIP sont trop complexes pour mes connaissances techniques et environnementales. Je ne participe donc pas aux discussions : j'écoute ». Ainsi, les acteurs environnementaux et industriels s'engagent habituellement dans les mêmes projets, c'est-à-dire ceux qui nécessitent des connaissances scientifiques plus poussées. À ce propos, un acteur mentionnait : « Ce n'est pas étonnant que les industries et les groupes environnementaux nationaux travaillent sur les mêmes comités. Ils sont touchés par les mêmes aspects et doivent s'en entretenir ». Les autres acteurs s'engagent davantage dans les projets environnementaux liés au tourisme récréatif.

On peut constater que les négociations relatives aux projets impliquant des intérêts économiques plus importants se passent majoritairement entre les acteurs environnementaux et industriels. Dans ces négociations, qui influencent les projets environnementaux mis en œuvre, l'accessibilité aux informations scientifiques et leur interprétation prend une grande place. À la lumière des entrevues, chacun des pôles qui s'affrontent souligne les lacunes des informations scientifiques contenues dans le bilan et les rapports gouvernementaux, mais de façon différente.

Selon les acteurs industriels, les données gouvernementales sur l'état du milieu ne correspondent plus à la réalité, car des progrès ont été accomplis à l'égard de l'assainissement depuis la collecte de ces informations. Les paroles d'un de ces acteurs rapportent leur vision à ce propos : « Les données gouvernementales sont désuètes. Le gouvernement devrait officiellement faire un suivi annuel auprès des industries, mais il ne le fait pas, car il n'a pas d'argent ». A leur avis, le portrait de la qualité du fleuve brossé par le gouvernement et les groupes environnementaux serait donc pire que la réalité. Comme les informations scientifiques fournies par l'appareil gouvernemental ne seraient pas assez étayées, les acteurs industriels expriment leur désaccord afin de passer à la mise en oeuvre de plusieurs projets et à la divulgation publique de certaines études.

Pour leur part, les acteurs environnementaux croient que les arguments apportés par les acteurs industriels sont utilisés pour ralentir la mise en œuvre des projets environnementaux du PARE, qui pourraient nuire à leurs intérêts économiques. Selon les acteurs environnementaux, les données gouvernementales relatives aux déversements toxiques dans le fleuve ne reflètent pas la réalité, car l'État utilise directement les informations fournies par les industries sans faire ni de vérification ni de suivi. Un des acteurs résume bien la situation: « Il n'y a aucune vérification indépendante des données en ce qui concerne les rejets industriels ». A leur avis, la réalité de la situation environnementale du fleuve pourrait donc être pire que le portrait brossé par le gouvernement. Puisqu'ils préconisent une approche préventive, ils agiront de façon à ce que les projets environnementaux du PARE soient mis en œuvre le plus rapidement possible.

Dans un processus consensuel, les autres acteurs, même s'ils ne détiennent que peu de connaissances scientifiques, doivent prendre des décisions relatives aux dossiers « chauds ». Leurs choix sont influencés par les intérêts de leur milieu d'appartenance, mais également par les informations amenées par « les deux camps ». Les deux pôles opposés travaillent donc pour obtenir l'appui des autres acteurs du système. Les commentaires donnant un aperçu de ce travail de « lobbying » sont nombreux. En voici quelques-uns. « Lors des votes, les groupes environnementaux sont d'un côté, les industries et les municipalités sont ensemble, puis les groupes socioéconomiques et les citoyens sont entre les deux ». Un autre acteur constatait : « Mon opinion est souvent contraire à celle des environnementalistes. C'est sûr que cela fait l'affaire des industries ».

Tous les acteurs ne sont pas sur le même pied d'égalité pour évaluer les propos scientifiques. Cela amène certains acteurs à critiquer la manière dont les comités ZIP sélectionnent les membres du conseil d'administration. Un acteur du milieu socioéconomique faisait la remarque suivante: « Il ne faudrait pas que le comité ZIP accepte n'importe qui au CA simplement pour remplir des sièges. Il faudrait qu'il soit plus rigide dans la sélection des administrateurs ». Les propos d'un autre membre rejoignent cette critique : « Lorsque j'ai demandé un siège comme administrateur, on ne m'a pas demandé si j'avais un background en environnement. Il n'y a pas vraiment de sélection effectuée ».

En outre, les acteurs ne se servent pas des informations scientifiques fournies par le gouvernement à travers le bilan régional à cause de la « non-pertinence » des données récoltées par rapport aux problématiques environnementales jugées prioritaires par la population locale à la suite de la consultation publique. En effet, plusieurs de ces problématiques locales n'ont pas été soulevées dans le bilan régional. Les propos d'un membre traduisent clairement cette idée : « Les fonctionnaires ont produit le bilan sur papier, mais on a l'impression qu'ils ne connaissent rien au milieu réel. Ils sont loin de la base ». Ainsi, les informations fournies par les instances gouvernementales ne fournissent qu'une aide bien partielle aux acteurs, qui doivent se pencher sur des problématiques environnementales locales dont les données sont peu accessibles ou inexistantes.

Même si, en théorie, les acteurs des comités ZIP doivent enrichir le bilan régional, le processus de la production des connaissances, instauré par le gouvernement, ne prévoirait aucun mécanisme formel pour intégrer les besoins scientifiques et les savoirs locaux. Un acteur fait la remarque suivante : « Il n'y a pas d'échanges entre les fonctionnaires qui font les bilans et les comités ZIP. Nous aimerions donner notre avis sur ces données et nos besoins réels, avant que le gouvernement ne les rendent publiques. Cependant, le gouvernement oublie de nous demander notre avis ». En effet, les rapports techniques et le bilan régional sont produits par les experts gouvernementaux sans une consultation des acteurs du comité ZIP. Leur avis n'est demandé qu'au moment où ceux-ci sont terminés.

Il apparaît également que l'intervalle de six semaines, entre la réception de ces documents et la consultation publique, est trop court pour permettre aux acteurs de vérifier et de bonifier les informations scientifiques. De plus, malgré les volontés du milieu à la suite des consultations publiques, il n'existe pas d'étapes formelles dans le processus, ni d'argent pour compléter les données manquantes au bilan régional. En d'autres termes, les comités ZIP n'ont accès qu'à des données déjà existantes au sein de l'appareil gouvernemental. Ainsi, malgré ce qui est stipulé dans les documents officiels, les conseils d'administration des organismes étudiés ne prévoient même pas d'inscrire à l'ordre du jour d'une réunion l'analyse des informations contenues dans ce bilan.

Les comités ZIP peuvent également disposer d'un appui technique complémentaire à l'étape de l'élaboration du PARE en fonction des ressources gouvernementales disponibles. Toutefois, même si théoriquement ils peuvent demander cette aide par l'entremise de la participation *ad hoc* d'experts gouvernementaux pour certains projets, elle semble difficile à obtenir. Selon l'avis d'un acteur du système, « au début, c'était facile pour le gouvernement de nous appuyer, car leur aide se limitait à une aide financière. Maintenant, c'est différent parce que les comités ZIP ont un besoin technique et scientifique élevé ». Comme on l'a souligné à la section 4.1.4, la recherche pour trouver l'expert idoine à un projet spécifique du PARE au sein de l'appareil gouvernemental semble fort complexe et prendre beaucoup de temps. De plus, même si on le trouve, cela ne signifie pas pour autant qu'il soit disponible pour le comité ZIP. En effet, le ministère auquel il appartient peut refuser la demande du comité ZIP pour des raisons de restrictions budgétaires ou autres. Ces demandes d'aide technique peuvent s'entourer de diverses négociations entre le comité ZIP et les instances gouvernementales, car ces dernières peuvent choisir de fournir certains experts pour un projet spécifique du PARE, mais non pour un autre.

Finalement, les informations scientifiques fournies par le gouvernement peuvent servir aux discussions de base pour l'avancement de certains projets environnementaux; mais, dès le moment où un dossier fait l'objet d'une controverse, elles seront mises au rancart. Les acteurs utiliseront donc d'autres moyens pour influencer les autres à prendre une décision sur les projets environnementaux qui devraient être mis de l'avant. Ces moyens sont multiples, mais on peut noter deux grandes stratégies utilisées par les deux pôles qui s'affrontent. Ces stratégies recoupent celles qui seront décrites dans la section suivante *gestion des conflits*, mais elles seront brièvement exposées ici.

D'un côté, l'ensemble des acteurs industriels choisit d'appuyer son argumentation sur les enjeux économiques impliqués et préconise l'inaction devant l'incertitude des données. D'autre part, une partie des acteurs environnementaux choisit de se tourner vers l'opinion publique et préconise une approche préventive devant l'incertitude des données. En ce qui concerne les stratégies utilisées par chacun des deux camps, on remarque que les acteurs industriels forment un bloc monolithique, alors que les acteurs environnementaux forment un bloc fragmenté en raison des diverses façons d'agir qui coexistent. Pour compléter le portrait, chacun des camps tentera de trouver des moyens pour faire une contre-expertise. Cependant, selon plusieurs acteurs, l'utilisation de la contre-expertise rend inégal le combat entre les deux camps. Voici, à ce sujet, le commentaire d'un citoyen : « Les groupes écologistes ne possèdent pas les moyens financiers pour faire des contre-expertises, ce qui débalance l'équilibre ».

4.2.6 La gestion des conflits

Les lieux de concertation en environnement, tels les comités ZIP, opposent les individus ou les groupes sociaux en permanence dans des conflits idéologiques. En effet, les individus ou les groupes sociaux qui y sont impliqués, en raison de leur formation, de leur langage et de leurs intérêts souvent divergents, ont des objectifs ou des moyens d'action qui ne coïncident jamais exactement. Nous pouvons même affirmer qu'une organisation, regroupant des acteurs aux intérêts aussi opposés que l'environnement et l'économie, est la plupart du temps un lieu de conflits.

Il ressort clairement des entrevues que la gestion des conflits constitue effectivement un problème central au sein des comités ZIP et que cet obstacle affecte la réalisation des projets environnementaux inclus dans le PARE. Cette problématique, bien que perçue par tous comme un obstacle majeur, est présentée sous un angle différent selon le milieu d'origine et l'expérience des acteurs. À la lecture des entrevues réalisées, on constate que les acteurs interprètent différemment le moyen d'interaction privilégié par la structure formelle du programme, c'est-à-dire la concertation. Il y a quatre catégories d'acteurs ayant des perceptions différentes de la concertation et des problèmes qu'elle occasionne.

Parler d'un regroupement d'acteurs comme unité est un abus de langage. Il ne faut jamais perdre de vue que celui-ci est composé d'individus qui ont élaboré leurs stratégies propres. De fait, les regroupements réunissent les acteurs ayant des intérêts et des stratégies similaires. Ces regroupements ne correspondent pas nécessairement à l'organigramme formel et excluent les acteurs qui ne sont pas membres des conseils d'administration des comités ZIP étudiés. Ainsi, l'interprétation des acteurs est liée à leurs stratégies, aux sources de pouvoir qu'ils utilisent ainsi qu'aux motifs de leur engagement. Il apparaît donc que la concertation entre les membres sert d'assise aux jeux des acteurs et à la régulation de la gestion régionale du fleuve Saint-Laurent. Un compte rendu des quatre catégories d'acteurs, de leurs perceptions, de leurs motivations et de leurs jeux sera donc complété ici.

Une première catégorie d'acteurs, désignée sous le vocable de « formalistes », conçoit la concertation comme étant exempte de confrontation. Ces acteurs proviennent majoritairement du secteur industriel et ont généralement une formation d'ingénieur. Parmi l'ensemble des acteurs, les délégués industriels soutiennent que la recherche du consensus occupe une place importante dans les processus décisionnels. Ceux-ci connaissent bien les règles formelles inhérentes à la gestion d'une organisation. Ils participent donc à la gestion de l'organisme et ils interviennent dans le système d'action lorsque la connaissance des règles officielles du déroulement des réunions s'avère pertinente. Par exemple, dans l'un des comités ZIP étudiés, deux représentants industriels siégeaient au même comité exécutif. Un autre exemple de l'utilisation des règles formelles est fourni ici par un de ces acteurs: « Mon rôle consiste à faire en sorte que le conseil d'administration ne se dirige pas dans une autre direction que celle proposée à l'ordre du jour ».

La participation des acteurs industriels au sein d'un comité ZIP peut être considérée comme une extension de leurs tâches professionnelles. En effet, selon les commentaires formulés lors des entrevues, leur rôle principal consiste à surveiller les intérêts de la compagnie qu'ils représentent et à établir un lien avec les autres groupes de leur communauté. Un des acteurs avançait :

« Mon rôle consiste à écouter les idées émises par les autres membres et à émettre celles de l'entreprise que je représente ». La sauvegarde de l'image corporative de l'industrie qu'ils représentent est donc très importante.

Ce groupe tolère difficilement les épisodes conflictuels. Lorsque ceux-ci se présentent, ils se tiennent sur la défensive. Cette réaction peut s'expliquer facilement par le fait que, en règle générale, ce sont les activités économiques de leur employeur et les impacts qu'elles occasionnent sur le fleuve qui sont en cause lors des discussions conflictuelles. Ces discussions sont habituellement suscitées par les acteurs provenant du milieu environnemental. Ces derniers sont d'ailleurs considérés par les représentants industriels comme des « extrémistes » ou des « radicaux ». À ce propos, un acteur du milieu industriel mentionnait : « J'apprécie en général l'absence de groupes écologiques extrémistes lors des réunions. Un seul sous-comité fait exception à cette règle. Si des groupes extrémistes prenaient le contrôle de la ZIP, cela détruirait le consensus ».

Un des acteurs provenant d'un organisme environnemental ayant une portée d'action nationale suscite particulièrement des réactions négatives chez les délégués industriels. Ces extraits d'entrevues le démontrent bien. « En général, les relations avec les membres du comité ZIP sont bonnes, à l'exception de celles avec un groupe du milieu environnemental ». Un autre de ces délégués croit que, « à long terme, une personne comme ça peut nuire à l'organisme, car cela rend difficile la participation des industries». L'appréhension des acteurs industriels face à ce représentant environnemental provient de ses attaques fréquentes à leur égard, tant à l'intérieur qu'à l'extérieur des discussions du comité ZIP.

En effet, il est arrivé à de multiples reprises que ce dernier, lorsque les négociations à l'intérieur du comité ZIP ne débouchaient pas sur des résultats qu'il considère acceptables écologiquement, divulgue certaines informations et attaque la compagnie sur la place publique. Par ce moyen, il aurait réussi à forcer la participation de certains acteurs industriels à un projet du comité ZIP impopulaire de leur point de vue. Selon un des délégués industriels : « S'il n'en tenait qu'à notre compagnie, on ne se serait pas impliqué dans ce comité. On s'y est impliqué en raison des pressions des groupes extrémistes et parce que c'était une priorité pour le comité ZIP ». On remarque que les représentants industriels réagissent différemment aux « attaques » des acteurs environnementaux. Leurs réactions seront davantage défensives et leur engagement dans les projets se fera en fonction des décisions qui risquent d'affecter les activités de leur employeur. Les conflits existants se concentrent donc entre les acteurs environnementaux « radicaux » et les acteurs industriels.

D'autres acteurs du milieu environnemental auraient soulevé des controverses dans le passé. Cependant, ils auraient assoupli leur position avec le temps. Un des acteurs industriel constatait : « Avec certains écologistes, c'était très houleux au début, mais par la suite ils se sont radoucis. Alors la discussion est devenue possible ». Le même commentaire est repris par un acteur du milieu municipal : « La plupart des groupes environnementaux et les industries, qui au début se situaient aux antipodes, ont évolué vers le centre pour éviter les conflits ».

D'autres acteurs, appelés « les oppositionnels » dans cette étude, ne peuvent concevoir la concertation sans confrontation, qui est jugée nécessaire et bénéfique. Ces acteurs, qui proviennent majoritairement du secteur environnemental, ont tendance à voir la concertation comme un processus imposé par les instances gouvernementales : « La concertation est un problème en soi, c'est sûr que l'on se chicane. La concertation, c'est un but d'Environnement Canada ». Il est possible de nuancer cette idéologie selon la portée de leurs actions locales ou nationales. Les acteurs environnementaux provenant d'organismes ayant une portée nationale sont les plus tranchants. Ce commentaire d'un de ces acteurs traduit bien leur vision : « Une ZIP ne peut fonctionner que s'il existe un noyau de groupes environnementaux durs. C'est nécessaire pour avoir un certain rapport de force avec le pouvoir économique détenu par les industries ».

Les représentants environnementaux provenant d'organismes nationaux connaissent bien la structure du programme ZIP, soit parce qu'ils siègent au conseil d'administration de Stratégies Saint-Laurent ou parce qu'ils ont participé à l'élaboration du concept ZIP au Québec. Malgré leur précarité financière, ses acteurs bénéficient de ressources plus grandes que les groupes environnementaux locaux. En effet, comme ces organismes sont situés dans de grandes agglomérations, l'information scientifique leur est plus facile à obtenir. Ils détiennent de plus une longue expérience politique en matière de protection de l'environnement.

En général, les représentants environnementaux sont très insatisfaits de l'avancement des projets environnementaux et se demandent constamment si leur participation aux comités ZIP n'est pas une perte de temps. Comme le mentionnait un de ces acteurs : « Pour les écologistes, la ZIP ne va jamais assez loin pour l'atteinte de notre premier objectif qui consiste à réhabiliter et à protéger le Saint-Laurent ». Certains acteurs ont décidé de ne plus siéger au sein des comités ZIP, alors que d'autres ont décidé d'y participer occasionnellement. Avec le temps, en effet, leur présence aux réunions est devenue sporadique. Ainsi, « un organisme environnemental national a renoncé à sa participation parce que les solutions proposées dans le PARE étaient trop molles ». Ce serait également pour cette raison que, selon un autre acteur, « la plupart des groupes environnementaux ayant initié les comités ZIP ne sont plus présents».

Comme les comités ZIP ne conviennent pas à leurs attentes et que leurs ressources sont limitées, les groupes environnementaux, généralement de portée nationale, se tournent souvent vers l'extérieur pour se faire entendre. Ainsi, ils ont fréquemment recours à l'opinion publique, à la loi et aux règles formelles du programme ZIP. Un représentant environnemental à déjà demandé la dissolution d'un comité ZIP à une instance supérieure. Selon cet acteur, « la lettre a été écrite pour dénoncer le dysfonctionnement du groupe ». De plus, à l'occasion, certains d'entre eux choisissent de diffuser publiquement l'information circulant habituellement à l'intérieur des comités ZIP. La revue de presse confirme que plusieurs acteurs ont souvent utilisé leur expertise et diffusé de l'information dans les médias pour « forcer » les industries membres d'un comité ZIP à s'engager dans des projets qui stagnaient (appendice A). Pour plusieurs acteurs des comités ZIP, cette façon de procéder sans avoir obtenu un consensus au préalable est « choquante ».

Les acteurs environnementaux ayant un champ d'action plus local sont généralement plus modérés dans leur manière de procéder. La plupart de ces acteurs ont choisi de collaborer davantage avec les acteurs du milieu industriel afin de faire avancer leurs dossiers locaux. Il est important de mentionner que les organismes environnementaux, locaux ou nationaux, sont dans une situation financière précaire. Ils sont donc constamment à la recherche d'une forme quelconque de financement. Les comités ZIP faciliteraient la recherche de financement des groupes environnementaux locaux.

En effet, les deux principaux motifs soulevés par ces groupes pour expliquer leur participation au sein des comités ZIP ont trait à cet aspect. Le premier motif est bien résumé par les propos de cet acteur: « Notre objectif en siégeant à la ZIP est simple : c'est de faire entendre nos projets et nos priorités ». En inscrivant leurs projets à l'ordre du jour, ils peuvent réussir à les faire subventionner. Deuxièmement, les comités ZIP leur permettent de développer un réseau de contacts avec d'autres organismes du milieu qui peuvent appuyer leurs projets. Il s'agit d'un critère important pour l'octroi d'une subvention gouvernementale.

Ainsi, le fait d'insérer un projet environnemental dans le processus du programme ZIP permettrait d'accéder plus facilement au financement gouvernemental. En effet, l'enveloppe budgétaire dédiée aux projets environnementaux a diminué au fil des années, et la compétition est grande. Puisque les comités ZIP ont réussi à obtenir une reconnaissance financière des gouvernements, les acteurs qui mentionnent leur engagement à l'intérieur de ceux-ci augmenteraient leurs chances d'obtenir une aide financière. Comme le disait un représentant d'un groupe environnemental local : « Le gouvernement demande de nous trouver des partenaires. C'est la condition au financement de nos projets. Ce qui est bien à la ZIP, c'est que l'on est en contact avec des industries ». Les comités ZIP permettent à ceux qui s'y impliquent de bénéficier de deux qualifications préalables importantes pour l'obtention d'une aide financière gouvernementale, soit l'appui de différents groupes de leur milieu et l'appui financier des acteurs économiques. Certains organismes environnementaux voient donc plusieurs avantages à « jouer » la concertation afin de faire avancer les projets de leur organisme.

À ce sujet, un acteur mentionne : « Notre organisme environnemental est plus modéré que d'autres, car nous voulons faire avancer les dossiers au niveau local. Si nous critiquions constamment, notre organisme n'existerait plus ».

Une autre divergence existante entre les organismes environnementaux locaux et nationaux concerne les projets qui sont jugés prioritaires. En effet, les projets mis de l'avant par les groupes locaux touchent à l'aménagement des milieux naturels, alors que ceux mis de l'avant par les groupes nationaux se rapportent à des problématiques plus vastes telle la contamination du fleuve Saint-Laurent. À l'examen des entrevues réalisées, les principales différences entre les projets locaux et nationaux sont au nombre de trois, et elles influenceraient leur réalisation. Premièrement, les projets proposés par les acteurs environnementaux locaux sont la plupart du temps moins onéreux que ceux proposés par les organismes nationaux. Par exemple, il est plus facile de financer des projets de plantation d'arbres pour contrer l'érosion des berges, de création de frayères ou d'aménagement de sites de reproduction pour la sauvagine et de sensibilisation de la population que de financer des projets concernant la décontamination du fleuve Saint-Laurent.

Deuxièmement, il semble plus facile de faire accepter à la population des projets locaux, car les résultats obtenus sont plus tangibles. Comme le disait si bien un des acteurs provenant du milieu socioéconomique: « Quand la pollution n'est pas visible ou qu'elle ne sent pas, les gens y croient plus ou moins ». En effet, la majorité de la population et plusieurs membres des comités ZIP ne possèdent pas de connaissances scientifiques suffisantes pour comprendre les débats techniques entourant diverses problématiques, telle la contamination aquatique, qui se produisent entre les acteurs environnementaux et industriels. Les propos d'un acteur traduisent bien cette difficulté de compréhension: « Les sujets qui traitent de dépollution, de HAP et de tout ça, cela ne m'intéresse pas. Je suis perdu quand les discussions traitent de ce sujet ». Finalement, la dernière différence entre les projets nationaux et locaux réside dans le fait que les projets « locaux » mis de l'avant ne remettent généralement pas en cause le comportement des acteurs provenant des secteurs économiques ou, plus globalement, les valeurs sociales. Ces trois différences expliquent sans doute en bonne partie pourquoi les projets des PARE mis en œuvre par les comités ZIP étudiés sont, la plupart du temps, des projets avancés par des groupes locaux.

Comme les prochains extraits d'entrevues permettront de le constater, il existe donc des dissensions idéologiques parmi les acteurs provenant du milieu environnemental. Ces divergences sont davantage marquées entre les groupes agissant au niveau local et national. Un des acteurs provenant d'un organisme national traduit ainsi son mécontentement : « Un des comités ZIP s'occupe seulement de planter des arbres le long des berges et de créer des frayères. Ce n'est pas de la protection environnementale, ça! ». Selon un autre représentant environnemental, il existe, au sein des membres environnementaux des comités ZIP, le « syndrome de Stockholm ». Cela signifie que certains groupes sont tombés dans le piège de la concertation, car ils sont dépendants financièrement des subventions ou des contributions provenant des industries ». Du côté de certains organismes environnementaux locaux, les procédures des organismes nationaux peuvent être également considérées comme illégitimes. Un de ces acteurs s'exclama : « Un organisme environnemental du comité ZIP s'implique dans tout. Il fout la merde et il n'est même pas de la région! ».

Une troisième catégorie d'acteurs, désignés sous l'appellation de « pragmatiques », estime que la confrontation est bénéfique à la concertation, mais jusqu'à un certain point. Voici la perception d'un des acteurs interrogés : « Les conflits qui surviennent entre les membres du comité ZIP sont nécessaires d'un point de vue démocratique. Quand tous les membres seront du même avis, ce sera un signe que quelque chose ne tourne pas rond dans notre organisme ». Il est important de souligner que cette catégorie d'acteurs est omniprésente dans un des comités ZIP étudiés. Les acteurs de ce regroupement proviennent de milieux plus disparates, mais ils partagent une vision locale et « communautaire » de l'environnement. Parmi ceux-ci, on retrouve des organismes à vocation sociale (ou communautaire), des groupes environnementaux locaux et des citoyens.

Leur engagement est davantage « personnel ». En d'autres mots, ils se mêlent aux activités du comité ZIP pour améliorer la qualité de leur milieu de vie, par valorisation personnelle et/ou pour accroître leurs connaissances environnementales. Ces acteurs constituent le « noyau » d'un des comités ZIP étudiés : ils font en sorte d'alléger la charge de travail de la coordination en se répartissant les tâches qu'elle ne peut accomplir. Leur attitude et leurs comportements sont orientés vers l'arbitrage des deux grands pôles, industriel et environnemental, qui s'affrontent au sein de l'organisme. Lorsqu'un conflit survient, ceux-ci tempèrent les affirmations des opposants et tentent de trouver un terrain d'entente entre ces derniers. Ce rôle de médiation est important pour eux, car ils jugent la présence de ces deux catégories d'acteurs essentielle pour assurer la continuité et l'avancement des projets du comité ZIP.

En fait, ils semblent comprendre les réactions des deux opposants. Un des acteurs mentionne : « Je comprends la frustration des groupes environnementaux face au manque d'action, mais la concertation est un travail à long terme. Je comprends également les industries, car leur participation dans les projets demande l'investissement d'une grosse somme d'argent ». Les acteurs de ce regroupement sont donc estimés par tous les autres membres de l'organisme. Ce rôle de médiateur est accepté par les autres; leur présence est même considérée essentielle pour alléger l'atmosphère. Un acteur mentionne à ce propos : « Certaines personnes possèdent un esprit de synthèse. Elles sont capables de calmer l'atmosphère entre les groupes environnementaux et les industries». Toutefois, ils croient qu'il existe une limite à ne pas dépasser pour conserver les acteurs au sein du comité ZIP. Ces acteurs pensent qu'un nombre trop élevé de membres adoptant une stratégie d'opposition ouverte entraînerait la cassure de leur système d'action.

Les propos d'un acteur résument bien cette perception : « Cela prend quelqu'un pour faire bouger les industries, mais tout pourrait casser s'il y avait trop de personnes utilisant l'affrontement direct ».

La quatrième catégorie d'acteurs, que nous appellerons « les indéfinis », n'a pas de conception particulière de la concertation et est relativement indifférente aux conflits. En effet, même si la plupart d'entre eux ont commenté la position plus radicale de certains acteurs environnementaux, cela n'a pas été soulevé comme un problème à leur coopération dans les comités ZIP. Un des acteurs municipaux déclarait : « J'ai remarqué des tensions entre un groupe environnemental et les industries, mais cela ne m'affecte pas personnellement ». Ces acteurs optent donc pour la neutralité et ne se mêlent qu'exceptionnellement aux conflits. Dans ce cas, c'est que l'organisation qu'ils représentent a été affectée par le conflit, mais il semble que cela ne soit pas arrivé souvent.

La caractéristique commune aux acteurs de ce regroupement est qu'ils représentent un organisme pour lequel l'environnement est un enjeu secondaire. Les secteurs de la communauté qu'ils représentent sont également plus disparates ceux des deux pôles qui s'affrontent. En effet, on y retrouve des groupes socioéconomiques, des municipalités et des citoyens. À l'analyse des entrevues, les motifs de leur participation sont plus diversifiés que pour les autres catégories d'acteurs, et ils ne peuvent être regroupés en un bloc. Plusieurs extraits d'entrevues explicitent ces principales raisons.

Le principal motif de la participation d'un acteur municipal consiste à « être là comme observateur pour émettre mon avis s'il y a un projet environnemental qui risque de soulever le désaccord du secteur municipal ou économique ». Un acteur socioéconomique s'engage pour « être en contact avec des partenaires. Ça favorise le réseautage et ça facilite la recherche de financement ». Un autre affirme : « J'ai décidé de siéger à la ZIP pour acquérir des connaissances environnementales que je n'avais pas ». Pour un autre encore, le motif change : « En tant que membre du conseil d'administration, j'ai un certain pouvoir sur les projets qui seront mis de l'avant. De plus, cela présente l'avantage que je suis parmi les premiers à obtenir l'information ». Voici deux autres motifs ayant été cité : pour l'image de leur organisation et pour tâter le pouls des enjeux environnementaux de la région.

En général, l'engagement de ces acteurs étant plutôt superficiel, ils connaissent mal la structure et les règles de fonctionnement du comité ZIP. Comme l'exprimait un administrateur : « Le mandat du comité ZIP est difficile à définir. C'est un organisme qui reçoit de l'argent du gouvernement. Ce sont des gens avec des intérêts très différents qui décident dans quels projets sera investi l'argent. Ce n'est pas vraiment clair ». Deux raisons principales semblent expliquer le peu d'efforts consacrés par ces acteurs pour accroître leurs connaissances du système et pour s'engager davantage. D'une part, ils ne voient pas les bénéfices qui les pousseraient à accroître leur participation.

À ce propos, un acteur socioéconomique mentionnait ceci : « Notre organisation ne s'est pas trop investie dans des dossiers environnementaux particuliers, car notre but était d'aller chercher une expertise environnementale dans la région et de démontrer que l'environnement tient à coeur à notre organisme ». On peut ajouter que ces acteurs considèrent le comité ZIP comme un organisme parmi tant d'autres.

D'autre part, plusieurs de ces acteurs se sentent exclus du système, car ils ne détiennent pas assez de connaissances scientifiques pour participer aux différents débats techniques ayant cours entre les acteurs environnementaux et industriels. Cependant, leurs discours en matière d'environnement est sensiblement le même. Ils prônent un équilibre entre la protection de l'environnement et le développement économique.

Ainsi la notion de développement durable est souvent reprise dans leurs propos. Parmi ces acteurs, on en retrouve quelques-uns ayant un jugement assez critique des comités ZIP qui rejoint celui des représentants de groupes environnementaux. Une critique fréquente repose sur le fait que les comités ZIP, qui sont intégrés à une structure politique, ne peuvent se positionner sur des problématiques environnementales « trop chaudes ». Un représentant du milieu socioéconomique notait que : « C'est très politique. Notre comité ZIP ne se mêlera donc pas nécessairement des sujets chauds ». Les propos d'un autre acteur rejoignent ceux de l'acteur précédent : « Il n'y pas de prise de position, les gens ont peur de se mouiller ». D'autres encore, à l'instar des groupes environnementaux, se plaignent de la lenteur du processus avant de passer à l'action : « Le PARE est bien beau, mais il n'y a rien de fait. C'est un gaspillage d'argent et d'énergie seulement pour une tribune ».

Finalement, à la suite de la description des règles informelles communes à deux comités ZIP qui influencent la gestion du fleuve Saint-Laurent au niveau régional, on voit que les systèmes d'action mis en place entraînent deux types d'exclusion. Le premier type d'exclusion affecte les acteurs du milieu environnemental considérés comme « extrémistes » et qui ont adopté surtout une stratégie d'opposition ouverte. Examinons les propos d'un de ces acteurs : « Les personnes prônant un militantisme excessif brisent l'harmonie du groupe. Il faut les exclure des discussions ». Ce type de réflexion n'est pas isolé comme en font foi le commentaire de cet autre acteur : « Le problème avec les extrémistes se résorbent par lui-même, car ils s'excluent eux-mêmes ». Cette dérive du système des acteurs peut même aller jusqu'à empêcher l'accès au conseil d'administration aux nouveaux acteurs qui seraient considérés comme trop « radicaux ». En effet, selon un membre du conseil d'administration, « le choix des membres du CA se fait selon notre mandat de concertation. Si l'on sait qu'un représentant de groupe ne cadre pas avec cette idéologie, nous essaierons de ne pas le prendre ».

Le second type d'exclusion affecte les acteurs du système qui ne sont pas initiés aux langages techniques utilisés par les acteurs gouvernementaux, industriels et environnementaux. Ces acteurs se retrouvent majoritairement regroupés dans la catégorie d'acteurs appelés « les indéfinis ». La section suivante présentera les dangers de ces exclusions et les obstacles qu'elles occasionnent ou risquent de causer dans la mise en œuvre des projets de protection du fleuve Saint-Laurent.

CHAPITRE V

LES OBSTACLES ET LES LIMITES A LA MISE EN OEUVRE DE LA GESTION INTEGREE DE L'EAU

Cette section expose les différences majeures qui existent entre le cadre formel et le système informel de deux comités régionaux du programme ZIP. Les dérives du système d'action représentent un obstacle à la mission première de ce programme de protection et de récupération des usages du fleuve Saint-Laurent. Toutefois, nous voulons dépasser ce premier niveau de généralisation en ajoutant un deuxième degré de comparaison. Un parallèle a donc été tracé entre les principes théoriques de la gestion intégrée, leur application dans les comités ZIP étudiés et les résultats obtenus dans cette recherche et dans les recherches semblables. Il a donc été possible d'identifier les similitudes entre les obstacles rencontrés par les comités ZIP et plusieurs autres expériences de gestion intégrée. Enfin, cette superposition de comparaison a permis de formuler certaines recommandations.

Malgré son histoire récente, il est possible de tracer un portrait général du fonctionnement de ce nouveau modèle de gestion et d'identifier les obstacles qui limitent son application. La prise en compte de ces limites devrait permettre une meilleure adaptation de ce modèle avant sa généralisation à l'échelle nationale, pour assurer une meilleure protection de l'environnement. Ces limites sont liées aux principes fondamentaux de la gestion intégrée et peuvent être regroupées en cinq catégories: l'inégalité du rapport de force entre les acteurs, la concertation, la gestion régionale de l'eau, la division du territoire par bassin versant et la procédure décisionnelle axée sur la science.

5.1 L'inégalité du rapport de force entre les acteurs

Un des principes fondamentaux de la gestion intégrée de l'environnement consiste à engager, dans le processus décisionnel, le maximum d'acteurs concernés, de façon à refléter l'ensemble de la société (Lascoumes et Le Bourhis, 1998a; Tomalty et al., 1994). Dans un document, Stratégies Saint-Laurent précise que la composition du conseil d'administration d'un comité ZIP doit être largement représentative des différents secteurs et acteurs intervenant sur son territoire (SSL, s.d. a). Ce document spécifie qu' « aucun de ces secteurs ne devrait, pour ce qui est du nombre de sièges occupés au CA, être en position de dominance ». Quand on compare les comités ZIP avec les autres études similaires de gestion intégrée, on remarque que l'intégration du maximum d'acteurs concernés par l'environnement, représentative de l'ensemble de la société, rencontre plusieurs obstacles. Ceux-ci sont exposés dans les paragraphes suivants.

Dans un processus décisionnel impliquant plusieurs acteurs sociaux, deux actions contradictoires, mais essentielles à une saine arène politique, doivent cohabiter. Selon Latour et Le Bourhis (1995), il faut, d'abord, dissocier les intérêts pour assurer l'indépendance de l'assemblée contre les cliques et, parallèlement, rallier les intérêts par des négociations et des compromis. Les raisons pour lesquelles il est difficile de combiner ces deux actions opposées, et conséquemment d'empêcher que le processus soit dominé par l'un ou l'autre des groupes d'acteurs, sont au nombre de quatre. Ces obstacles avaient été rapportés déjà par des auteurs français ayant étudié les expériences de gestion par bassin versant (Latour et Le Bourhis, 1995). Cette recherche sur les comités ZIP fait les mêmes constatations.

La première difficulté réside dans l'incertitude reliée à la classification des représentants. En effet, il arrive fréquemment que ceux-ci appartiennent simultanément à plusieurs secteurs. Deuxièmement, il y a l'incertitude reliée au nombre de représentants de chaque groupe qui participeront au processus.

En effet, même si un comité ZIP réserve un certain nombre de sièges à un secteur, cela ne signifie pas pour autant qu'ils soient comblés. Troisièmement, des groupes d'acteurs peuvent être sur-représentés dans le CA, car un mandataire peut défendre la position d'un autre implicitement.

La quatrième et principale raison de la difficulté à empêcher que le processus soit dominé par un ou plusieurs intervenants est reliée au fait que, contrairement à la théorie, les acteurs en présence ont rarement un rapport de force équivalent. Dans le cas étudié, les documents officiels de Stratégies Saint-Laurent laissent entendre que tous les membres des comités ZIP ont les mêmes prédispositions à la participation (SSL, s.d. a). Chouinard (1998) rapporte également le même type de supposition dans une étude de cas sur un conseil régional de l'environnement (CRE), une autre table de concertation québécoise sur l'environnement. Cependant, pour que ce principe soit respecté, il faudrait que les acteurs impliqués aient la même capacité de mobilisation dans le processus (Lascoumes et Le Bourhis, 1998a). Les résultats de cette recherche et de plusieurs autres démontrent que cela n'est pas le cas dans la réalité (Chouinard, 1998; Lascoumes et Le Bourhis, 1998a; Latour et Le Bourhis, 1995). En effet, en examinant le système d'action de deux comités ZIP, on en vient à cerner plusieurs zones d'incertitude du système d'action qui servent de sources de pouvoir aux acteurs et entraînent une inégalité entre ceux-ci. Pour cette partie de l'étude, une attention particulière sera consacrée aux inégalités entourant le pouvoir des acteurs qui maîtrisent les incertitudes reliées au financement.

Tel qu'il est rapporté dans la section 4.2.3, qui énonce les obstacles résultant de l'inégalité des ressources entre les acteurs des comités ZIP, les membres qui sont en partie rémunérés pour participer aux activités des comités ZIP ont davantage l'occasion d'occuper des positions clés, donc de mieux contrôler l'agenda des activités de l'organisme. Ce phénomène était particulièrement flagrant dans un des comités ZIP où deux représentants industriels siégeaient au même comité exécutif. Il est possible de passer à un second niveau de généralisation en faisant un parallèle entre ces obstacles et ceux reliés au financement gouvernemental. D'après les entrevues réalisées, les acteurs provenant du milieu communautaire (sociaux et environnementaux) et des groupes de citoyens signalent qu'il existe une inégalité entre eux et les représentants ayant davantage de poids politique et économique, soit ceux qui proviennent des milieux industriel et gouvernemental.

Cette inégalité du rapport de force entre les milieux communautaires, privés et étatiques est également rapportée dans d'autres recherches, traitant notamment des organismes de bassin versant en France et des mouvements sociaux québécois (Bélanger et Lévesque, 1992 ; Hamel, 1993 ; Lascoumes, 1993 ; Séguin et al., 1995). Ces recherches appuient les résultats de la présente étude, qui tendent à démontrer que l'inégalité entre les rapports de force proviendrait du sous-financement dont souffrent les groupes communautaires, notamment ceux qui oeuvrent en environnement. Ce sous-financement est d'ailleurs rapporté par plusieurs études (Bélanger et Lévesque, 1992; Vaillancourt, 1982).

S'il faut se fier aux commentaires recueillis lors des entrevues, la situation financière des divers organismes environnementaux varie sensiblement. En effet, la situation financière des organismes environnementaux dont les objectifs cadrent avec les critères gouvernementaux, comme ceux utilisant la concertation comme moyen d'action, serait meilleure que celle des groupes écologiques utilisant des moyens de pression davantage oppositionnels. Ceci est corroboré par une étude sur le financement des groupes en environnement réalisée par le Réseau québécois des groupes écologistes (RQGE) et par plusieurs entrevues récoltées à travers une recherche sur un

Conseil régional de l'environnement (CRE) (Chouinard, 1998; RQGE, 2000). Dans un contexte de précarité économique, la faible possibilité de financement explique probablement la multiplication et le chevauchement des organismes de concertation environnementale depuis une dizaine d'années. Cette situation, rappelons-le, est décriée par bon nombre d'acteurs. Par ailleurs, cette étude confirme que la plupart des groupes communautaires et environnementaux participent aux comités ZIP pour augmenter leurs chances d'être financés par le gouvernement.

Comme le démontre l'analyse du système informel, les comités ZIP, à l'instar de plusieurs autres organismes communautaires, doivent se soumettre aux contraintes institutionnelles imposées par les instances gouvernementales en retour de ce financement. Cependant, cet argent constitue essentiellement le fonds de roulement des organismes. Pour chaque projet environnemental inclus dans le PARE, ceux-ci doivent faire des demandes de financement ponctuelles. Cela influence la sélection des projets environnementaux qui seront mis de l'avant. En effet, tous les projets environnementaux considérés prioritaires par les populations locales n'ont pas les mêmes chances d'être admissibles, car plusieurs d'entre eux ne répondent pas aux critères établis ou exigent des investissements trop grands.

Ainsi, en s'intégrant au programme gouvernemental de protection du fleuve Saint-Laurent SLV 2000, les comités du programme ZIP sont devenus des relais régionaux des pouvoirs publics. Ce phénomène d'institutionnalisation de la protection de l'environnement, qui accompagne dans bien des cas la mise en place d'une gestion intégrée, n'est pas exclusif au Québec. En effet, la création des agences de l'eau, dans plusieurs pays européens et États américains ainsi que des « Area of concern (AOC) », dans la région des Grands Lacs, est le fruit d'une institutionnalisation de l'action collective au niveau local (Armour, 1990; Barraqué, 1997; Griffin, 1999; Hartig et Zarull, 1992a).

Si l'on peut se réjouir de cette participation politique, on peut aussi déplorer que l'esprit critique des organismes soit entravé par les nécessités diplomatiques du partenariat. En effet, à la lumière des entrevues et des documents du programme ZIP, on constate qu'aucun projet relié à une problématique environnementale qui soit trop politique ou trop délicate n'a été réalisé jusqu'à maintenant (tableau 5.1). Bien que le manque de financement nuise à la réalisation de certains projets, plusieurs faits tendent à démontrer que les comités ZIP, parce qu'ils sont intégrés à la structure gouvernementale, ont restreint leur propre liberté d'action. Ces derniers, ainsi que la plupart des organismes qui bénéficient d'un financement gouvernemental, ont atténué considérablement la portée contestataire et subversive de leurs actions (Hamel, 1997). Ce phénomène est particulièrement marqué chez les groupes environnementaux locaux qui sont aux prises avec un sous-financement.

Pourtant, dans l'étude présente, ce sont surtout les comportements atypiques d'une minorité d'acteurs environnementaux, contestataires et subversifs, qui poussent les acteurs économiques à intégrer davantage les principes environnementaux dans leurs activités. En l'absence de tels acteurs dans un comité ZIP, il est fort probable que les problématiques environnementales discutées se limiteraient à celles qui n'affectent pas les activités des secteurs économiques siégeant au sein du CA. Dans une vision à long terme, préventive, comme le suppose la gestion intégrée, le travail de protection et de récupération des usages du fleuve Saint-Laurent serait entravé, car habituellement, les acteurs économiques qui y siègent, sont des compagnies dont les activités ont le plus d'incidence sur sa qualité. La liste des projets du plan d'action et de réhabilitation (PARE) de chacun des dix comités ZIP réalisés jusqu'en 1999 semble malheureusement confirmer cette hypothèse.

Le tableau 5.1 élaboré à partir des informations recueillies par le Centre Saint-Laurent (Environnement Canada) sur chacun des comités ZIP présente ces projets.

Tableau 5.1

Liste des projets et des activités réalisés par les comités ZIP

Comité ZIP	Projets réalisés	Activités de concertation et de sensibilisation
Du Haut St-Laurent (créé avant 1993 et PARE en réalisation depuis 1996)	- 2 projets de réhabilitation des berges; - 1 projet de collecte des déchets domestiques dangereux; -1 projet d'éducation; -1 projet d'échantillonnage des eaux de baignade; -4 projets de sensibilisation.	Participation : - au comité de révision du schéma d'aménagement Création : - d'un comité sur les sédiments contaminés du lac St-Louis; - d'un comité pour la rivière La Guerre; - de séances publiques de sensibilisation et d'information.
Saguenay (créé avant 1993 et PARE en réalisation depuis 1998)	- 1 étude des populations de poissons du Saguenay; - 2 inventaires des milieux humides; - 2 caractérisations du milieu; - 14 projets de réhabilitation des berges; - 8 projets divers; - 3 projets de sensibilisation;	Participation : - au comité d'administration des commissions de bassin provisoires des rivières à Mars et Ha! Ha!; - au comité Multi-Ressources; - au comité du Plan d'urbanisme de Chicoutimi; - au comité de la Table-Conseil sur la gestion des barrages (Commission

	- Production d'un guide vert.	Nicolet). Création : - de divers comités concernant les différentes industries du territoire.
Québec et Chaudière-Appalaches (Créé en 1991 et PARE en réalisation depuis 1998)	- 1 caractérisation du milieu; - 1 projet d'inventaire et de caractérisation des accès au fleuve; - 1 projet de réhabilitation; - Production de plusieurs documents de sensibilisation dont un guide vert.	Participation : - aux conseils d'administration des deux Conseils régionaux de l'environnement (CRE) du territoire; - au comité Côte-de-Beaupré (ligne des hautes eaux). Création : - d'une séance publique sur l'aménagement des rives; - de 4 croisières-conférences; - de 5 forums publics.

Tableau 5.1

Liste des projets et des activités réalisés par les comités ZIP

(suite)

Comité ZIP	Projets réalisés	Activités de concertation et de sensibilisation
Baie des Chaleurs (Créé avant 1993 et PARE en réalisation depuis 1998)	- 1 projet visant à créer un jardin marin (Baie de Cascapédia); - 1 projet de mise en valeur des berges ; -Production de plusieurs documents de sensibilisation dont un guide vert.	Participation : - à divers forums et colloques sur le territoire ; - à la planification du Conseil régional de concertation et de développement (CRCD) ; - à la révision du schéma d'aménagement. Création : - d'une exposition environnementale pour la Baie des Chaleurs ; - d'un centre de documentation; - de comité de suivi des performances d'usines d'épuration et des projets de mise en fonction de nouvelles usines.
Baie-Comeau (Créé avant 1993 et PARE en réalisation depuis 1998)	- 2 projets d'études et 3 projets de nettoyage des berges; -2 projets de	Participation : - à la planification et la tenue du salon de la faune et du plein air; -aux colloques et forums

	caractérisation (sites de fraie); - 1 projet d'inventaire de population d'éperlans.	du milieu; Création : - d'un projet de sensibilisation à la santé humaine; - de documents de sensibilisation; -Comité de suivi sur la contamination de la Baie-des-Anglais;
Lac Saint-Pierre (Créé avant 1993 et PARE en réalisation depuis 1997)	- Production d'un guide vert	Création : - de consultations sur le plan de chasse à la sauvagine; - d'un comité sur le suivi du dragage du Port de Sorel; -d'un comité sur le suivi de la gestion du niveau des eaux du Saint-Laurent; - d'un comité en vue de la reconnaissance du lac St-Pierre comme Réserve mondiale de la Biosphère de l'Unesco.

Tableau 5.1

Liste des projets et des activités réalisés par les comités ZIP

(suite)

Comité ZIP	Projets réalisés	Activités de concertation et de sensibilisation
Est de Montréal (Créé en 1994 et PARE en réalisation depuis 1996)	- 1 étude sur le lien entre la santé et la consommation de poissons ; - 1 projet d'inventaire des terrains contaminés de l'Est de Montréal.	Participation : - aux colloques et forums du milieu. Création : - d'un comité de suivi de la station d'épuration des eaux de la CUM ; -d'un comité sur la décontamination du secteur 103 du Port de Montréal.
Ville-Marie (Créé en 1995 et PARE en réalisation depuis 1998)	- 2 projets de restauration des berges	Participation : - au comité technique du refuge des Rapides de Lachine; - au nettoyage de l'île aux Hérons. Création : - d'un comité de suivi des problématiques affectant le petit bassin de La Prairie; - d'un comité de suivi sur la gestion des niveaux des

		eaux.
Alma-Jonquière (Créé en 1995 et PARE en réalisation depuis 1998)	- 4 projets de conservation; - 2 projets de réhabilitation; - 6 projets de sensibilisation.	Participation : - à l'inventaire des milieux humides du Saguenay avec le Comité ZIP Saguenay; - à des colloques et forum du milieu; - à la consultation du BAPE pour le projet d'implantation d'une aluminerie à Alma. Création : - d'un centre de documentation et de la production d'outils de sensibilisation; -d'une consultation publique sur le Plan de mise en valeur de la Petite décharge.

Tableau 5.1

Liste des projets et des activités réalisés par les comités ZIP

(suite)

Comité ZIP	Projets réalisés	Activités de concertation et de sensibilisation
Côte-Nord du Golfe (Créé en 1996 et PARE en réalisation depuis 1998)	- 1 projet de nettoyage des berges ; -2 projets de sensibilisation pour les jeunes.	Participation : - à des colloques et forums du milieu.

Les projets environnementaux des PARE qui ont été réalisés jusqu'à maintenant ont trait à la sensibilisation de la population et à l'aménagement du territoire, comme la création de frayères, l'aménagement des berges et la protection de sites de reproduction pour la sauvagine. Cependant, aucun projet de réduction des trois grandes sources de contamination du fleuve, soit les activités industrielles, agricoles et municipales, ne s'est concrétisé jusqu'à ce jour. De fait, les activités liées à la concertation semblent prédominer au détriment des projets visant à protéger et à réhabiliter l'intégrité écologique du fleuve Saint-Laurent.

En regard de ce constat, la protection de l'eau au nom de l'intérêt général, par la confrontation d'idées entre les différents groupes sociaux d'une région, comme principe de la gestion intégrée, ne semble pas faire l'objet d'une véritable volonté politique. En effet, selon Burton (1997a) qui rapportait la position d'Environnement Canada : « Nous avons choisi de ne pas fixer de règles définissant le nombre et la répartition des sièges au sein d'un comité ZIP; nous tentons ainsi d'éviter la polarisation des débats qui découle souvent de la présence d'office de représentants d'organismes aux idées opposées au départ. » (Burton, 1997a, p. 160). Il ajoute en outre qu' « un appui par les gouvernements en matière de communication facilite l'adhésion des participants de haut calibre, ceux-là mêmes qui sont considérés comme des décideurs dans la collectivité » (Burton, 1997a, p. 160).

Cette position gouvernementale est assez paradoxale, car la description du système d'action confirme que ces décisions occasionnent en partie les obstacles soulevés précédemment. Le type de processus décrit par Burton (1997a) s'apparente étrangement au concept du néocorporatisme soutenu par plusieurs auteurs pour expliquer le contrôle des mouvements sociaux par l'État.

> Le corporatisme peut être défini comme un système de représentation des intérêts dans lequel les unités constituantes sont organisées en un nombre limité de catégories singulières, obligatoires, non compétitives, reconnues par l'État et auxquelles on a garanti un monopole délibéré de représentation au sein de leurs catégories respectives, en échange de l'observance d'un certain contrôle sur la sélection des leaders et de l'articulation des demandes et des intérêts (Muller et Saez, 1985 cités par Gauthier, 1998, p. 55).

En d'autres termes, dans ce type de processus décisionnel, les organisations sociales reconnues consentent à imposer une certaine discipline à leurs ressortissants en échange de leur participation active à l'élaboration et à la mise en oeuvre des politiques publiques (Jobert et Muller, 1987 cité par Gauthier, 1998). En privilégiant les groupes déjà organisés, la solution néocorporatiste permet à ces acteurs de mieux défendre leurs intérêts, souvent au détriment des groupes et des individus ne possédant ni un niveau d'organisation suffisant, ni les ressources pour se faire entendre (Gauthier, 1998). Les obstacles soulevés majoritairement par les groupes communautaires (sociaux et environnementaux) face à l'inégalité entre les acteurs se rapportent exactement à ce genre de situation.

Cette nouvelle conception de la gestion de l'environnement ne s'appliquerait pas seulement à l'eau, mais également à d'autres champs, comme la gestion des déchets. En effet, selon Séguin et al. (1995), plusieurs exemples illustrent l'exclusion d'une majorité de groupes revendiquant une gestion écologique des déchets dans ce type de processus. On assisterait ainsi à la cristallisation d'un système néo-corporatiste de représentation des intérêts, de régulation des demandes et des relations sociales engendrées par les questions environnementales (Séguin et al., 1995). Ainsi, le principe de l'intégration de tous les acteurs concernés dans le processus décisionnel semble actuellement plus théorique que pratique. Le phénomène se rencontre également en Europe où la régionalisation et l'adoption d'une gestion intégrée de l'eau par bassin versant ont simplement déplacé le pouvoir vers les ingénieurs de l'eau, soutenus par les industriels selon Barraqué (1995).

5.2   La concertation

Depuis une dizaine d'années, la concertation est devenue le moyen privilégié par le gouvernement pour interagir avec les acteurs sociaux (Lepage, 1997). En matière d'environnement, ce moyen est défendu par les instances gouvernementales, les acteurs économiques et une majorité de groupes environnementaux. Une forte proportion de la « nouvelle génération » d'organismes à vocation environnementale a troqué l'opposition pour la concertation afin de faire avancer la cause environnementale (Dunlap et Mertig, 1992; Lepage, 1997). La concertation caractérise désormais une partie de la « nouvelle génération » des groupes environnementaux et plusieurs politiques environnementales. Mais, en matière de protection de l'environnement, ce moyen privilégié pour rassembler à la même table des acteurs très différents amène-t-il vraiment une amélioration comparativement au modèle traditionnel de gestion de l'environnement? Les prochains paragraphes expliquent les limites de ce moyen.

Le processus décisionnel des comités ZIP est caractérisé par la contradiction résultant du rassemblement d'acteurs différents. Bien que le consensus y soit central, l'ensemble de la procédure se distingue par son caractère conflictuel. Pour pallier à cette ambiguïté, les acteurs ont mis sur pied un système informel afin de faciliter leur coopération. Ainsi, dans les cas étudiés, ce système se fonde sur la concertation et l'atteinte du consensus. Cependant, comme l'a déjà remarqué un responsable du programme ZIP au sein d'Environnement Canada, cette recherche du consensus à tout prix est souvent stérile, car les membres consacrent davantage d'énergie au processus de décision qu'à l'action (Burton, 1997a).

Si on attend le consensus pour passer à l'action, peu de projets environnementaux se concrétiseront. En effet, en présence d'acteurs si nombreux, ce type de processus peut avorter facilement et conduire au statu quo. Ce phénomène a également été remarqué dans le programme « Area of Concern » pour la gestion des Grands Lacs, qui a servi de modèle au programme ZIP, et dans les comités de bassin-versant mis sur pied aux États-Unis (Armour, 1990; Griffin, 1999). C'est probablement pour cette raison que plusieurs acteurs ont souligné que les comités ZIP ne servaient qu'à la discussion et qu'il n'y avait pas encore de véritable concrétisation des projets environnementaux inclus dans le PARE.

Plus souvent qu'autrement, le processus de concertation l'emporte sur l'objectif premier de protection de l'environnement. On constate également que, bien qu'il facilite la coopération entre les acteurs, le recours à la concertation, comme moyen principal d'interaction, entraîne un évitement des conflits et l'exclusion des membres dont les positions sont plus radicales et antagonistes. Pourtant, un des principes de la gestion intégrée soutient que chacun des acteurs est habilité à défendre l'intérêt général, ce qui rend possible la mise en équivalence et la confrontation des définitions concurrentes (Lascoumes et Le Bourhis, 1998a). Cela rendrait possible l'insertion de nouveaux acteurs, la prise en compte des intérêts divergents et une circulation de l'information plus grande. On constate donc une dérive entre le concept théorique et son application.

Ces multiples logiques qui s'affrontent entraînent-elles une meilleure gestion de l'environnement? On pourrait croire que cette confrontation entre les différents points de vue a des effets bénéfiques sur la qualité de l'environnement, mais ce n'est pas nécessairement le cas dans l'exemple étudié. Même si le processus s'intéresse à la protection du fleuve Saint-Laurent, on s'aperçoit assez rapidement de la faible portée des thèmes écologiques. On retrouve ici un problème souvent soulevé par les acteurs environnementaux : celui de la représentation du fleuve Saint-Laurent. En effet, les entrevues confirment que seuls les représentants environnementaux ont comme premier objectif la protection écologique du fleuve Saint-Laurent. Les autres acteurs défendent en premier lieu d'autres types d'intérêts sociaux : l'économie, les revendications des travailleurs, la pauvreté, la qualité du milieu de vie, etc. Cette étude confirme que le processus décisionnel en place au sein des comités ZIP étudiés neutralise la question de l'intégrité écologique du fleuve Saint-Laurent. Dans une recherche sur le système-acteur d'un CRE, un autre organisme de concertation environnementale, Chouinard (1998) était arrivé à une conclusion similaire.

Cependant, le processus pourrait subir des mutations dans un avenir plus ou moins proche et pourrait entraîner l'atteinte de l'objectif ultime des comités ZIP : la réalisation des projets des plans d'action et de réhabilitation écologique (PARE) y compris de ceux ayant une incidence politique et économique davantage marquée. En effet, selon Séguin (1997), les acteurs environnementaux « radicaux », en remettant en question sur la place publique les processus institutionnels à tendance néocorporatistes et en dénonçant l'exclusion des valeurs qu'ils défendent, peuvent favoriser une évolution de ces systèmes.

L'action de mettre en doute la représentativité et la légitimité même de ces processus a pour effet de contrer un de leurs principaux objectifs : la consolidation et la légitimation des décisions prises. Les systèmes institutionnels à tendance néocorporatiste, tels que sont devenus les comités ZIP, seraient alors contraints d'adopter de nouvelles façons de faire et d'agir qui seraient davantage démocratiques. L'avenir nous apprendra si tel est le cas.

5.3   La gestion régionale de l'eau

Au Québec, l'émergence d'un modèle de gestion intégrée, basé
sur l'unité territoriale du bassin versant, est associée au contexte
sociopolitique de la décentralisation des pouvoirs de l'État
(Lepage, 1997). La plupart des pays européens connaissent ce
phénomène depuis plus d'une quinzaine d'années, alors qu'au
Québec, cette régionalisation et ses impacts commencent tout
juste à se faire sentir (Barraqué, 1995; Québec, 1997; Tremblay,
1996).   De l'application du principe de subsidiarité prôné
conformément à la gestion intégrée résulte une redistribution du
partage des responsabilités en matière de protection de
l'environnement. En effet, le gouvernement a délégué à certaines
instances régionales, qu'il a récemment mis en place, plusieurs
responsabilités qu'il assumait auparavant (Lepage, 1997).   Les
comités ZIP ont été reconnus par le gouvernement, dans cette
vague de décentralisation, pour jouer un rôle dans la gestion de la
portion du fleuve Saint-Laurent qui traverse leur région (Burton,
1997b).

Le plan d'action et de réhabilitation écologique (PARE) de chaque
comité ZIP est considéré comme un instrument privilégié pour
concrétiser les efforts de protection du fleuve Saint-Laurent à un
niveau régional.   Bien que les projets inclus dans les PARE

devraient refléter l'ensemble des préoccupations environnementales des citoyens d'une région, les consultations publiques qui servent à les recueillir n'accueillent qu'un faible taux de participation. Le PARE ne reflète donc pas nécessairement l'ensemble des problématiques environnementales régionales. De plus, le niveau de vulgarisation des informations scientifiques diffusées et le laps de temps accordé lors de ces séances sont inadéquats pour favoriser une décision éclairée chez un public profane, face à des problématiques aussi complexes. À l'instar des AOC ontariens et américains, la mobilisation des acteurs locaux dans chaque comité ZIP demeure très variable d'un territoire à l'autre, ce qui a des répercussions évidentes sur les PARE (IJC, 1991).

Selon nous, ce phénomène sous-entend que l'élaboration d'une vision nationale des problématiques environnementales du fleuve Saint-Laurent est toujours nécessaire pour assurer sa protection et la récupération de ses usages.

Il y a des risques à privilégier une gestion régionale des problématiques reliées à l'eau, particulièrement dans le cas du fleuve Saint-Laurent. En effet, bien que la gestion régionale soit primordiale, il ne faut pas oublier que la gestion de l'eau est une question d'intérêt national et que, plus souvent qu'autrement, ses problématiques débordent des frontières tracées artificiellement.

Déléguer de lourdes responsabilités aux niveaux régional et local pour la gestion de l'eau comporte des risques. Ceux-ci ont été identifiés en France et dans d'autres provinces canadiennes. Dans les lignes suivantes, ces expériences de gestion intégrée de l'eau sont brièvement exposées.

Selon Lascoumes et Le Bourhis (1998a), l'absence d'un principe unificateur, et les inégalités qu'elle engendre, peuvent produire à long terme un effet pervers. En effet, la gestion locale ou régionale incite chaque territoire à se doter de politiques fondées sur des valeurs spécifiques, sans se préoccuper des objectifs communs. Le changement dans la rationalité juridique, la déformalisation et la déréglementation qui s'ensuivent, permettent une meilleure adaptabilité à des contraintes futures, mais elles ouvrent également de nouvelles avenues à l'arbitraire et à l'inégalité de traitement (Lascoumes et Le Bourhis, 1998a).

En fait, pour obtenir davantage de cohérence et d'unité d'action, le gouvernement ne doit pas se priver volontairement des ressources qui lui donnent les moyens d'imposer une certaine vision de l'intérêt général (Latour et Le Bourhis, 1995). La protection du fleuve Saint-Laurent doit donc être planifié aux échelons national, régional et local selon les besoins. Il est important de considérer les trois niveaux sans en privilégier un *a priori* afin d'orienter la planification des actions vers une prévision à long terme. Il serait trop facile de reproduire le même syndrome qu'a entraîné le mode de gestion sectorielle « du coup par coup ».

Pour éviter des situations fâcheuses, il semble bien que l'État ait encore un rôle déterminant à jouer dans la promotion et l'encadrement des politiques de l'eau, bien qu'elles soient locales par nature. Dans une social-démocratie comme la nôtre, l'État doit assurer une répartition équitable de la ressource hydrique et un maintien de qualité minimale. À cause des enjeux politiques et des arbitrages nécessaires, il est essentiel que l'État continue d'assumer son rôle de planification fondée sur la qualité de la ressource. En conclusion, les trois échelons politiques de gestion de l'eau doivent cohabiter. Généraliser un modèle de gestion qui privilégie le niveau régional au détriment du niveau national risque d'avoir des effets aussi néfastes sur la qualité des cours d'eau du Québec que l'ancien modèle de planification de l'environnement.

5.4   La division du territoire par bassin versant

Il semble difficile de concilier politiquement les unités territoriales traditionnelles avec les divisions territoriales basées sur le bassin versant. En effet, la présence d'un cours d'eau sur un territoire ne suffit pas à créer une conscience commune de cette ressource (Latour et Le Bourhis, 1995). Ce point est capital pour la procédure du programme ZIP, car la délimitation du territoire repose sur une définition géographique - le bassin versant - qui n'a en soi aucune signification symbolique ou culturelle pour les êtres humains. Bien que le bassin versant du fleuve Saint-Laurent ait été défini selon des caractéristiques biologiques, hydrologiques et socioéconomiques, chaque comité ZIP a dû, au début, composer avec certaines contraintes imposées par les municipalités. Chaque instance du jeu local défend son propre découpage territorial et tente de le faire reconnaître par les autres acteurs. Ce problème est souvent accompagné de conflits lorsqu'il s'agit de délimiter le territoire.

Les deux comités ZIP étudiés rassemblent sur leur territoire des municipalités situées sur les deux rives du fleuve Saint-Laurent. Il est donc difficile de faire un plan environnemental unifié qui tienne compte des réalités différentes de ces municipalités et de leur population. Ainsi, les comités ZIP doivent s'adapter à cette superposition de délimitation territoriale, car certaines municipalités incluses dans leur territoire préféreront s'engager avec un autre comité ZIP. Ce problème se rencontre également en France. En effet, les contrats de rivière n'ont pas permis de transcender toutes les limites administratives établies, malgré leur implantation depuis une quinzaine d'années (Tremblay, 1996).

Selon Latour et Le Bourhis (1995), pour qu'il y ait une cohérence entre les superpositions d'unités territoriales « naturelles » et politiques, il faut que les élus politiques jouent un rôle d'intermédiaire (Latour et Le Bourhis, 1995). La présence d'une « figure locale » est déterminante pour représenter politiquement la gestion de la rivière et pour donner un contenu aux discours traitant du bassin versant. Ces élus locaux mettent également à profit leur capacité de mobiliser les réseaux locaux pour faire circuler et promouvoir le cadre de la rivière. Cependant, dans les comités ZIP étudiés, l'implication des représentants municipaux est relativement faible. Latour et Le Bourhis (1995) fournissent une explication fort plausible à cette situation en rapportant les paroles d'un acteur engagé dans les agences de bassin françaises : « L'élu qui voudrait faire de la politique avec les SAGE ne recevra que des coups ». En effet, en matière d'environnement, les risques de controverse sont élevés. Le politicien tente de les éviter par tous les moyens afin de se faire réélire (Caldwell, 1990).

Malgré cela, une des clés du succès des comités ZIP réside dans leur capacité à dénicher des relais politiques qui auront intérêt à tenir compte de l'unité géographique pour modifier à leur avantage les autres unités politiques déjà présentes. Les liens avec les représentants municipaux sont d'autant plus importants que les municipalités possèdent un pouvoir formel et juridique en matière de protection de l'environnement. Une autre raison de l'importance du lien qui existe entre les élus municipaux et les comités ZIP réside dans le fait que plusieurs projets du PARE concernent une meilleure prise en charge de l'environnement par les municipalités. Un autre problème se dessine ici entre les municipalités et les comités ZIP : celui de la redistribution du pouvoir et des responsabilités. En effet, les municipalités peuvent sentir une certaine « compétition » avec les comités ZIP : ces derniers font, en quelque sorte, partie de la nouvelle configuration politique régionale.

Toutefois, un problème de chevauchement entre les gouvernements fédéral et provincial a des répercussions dans les comités ZIP. Bien que ce problème demeure relativement informel, le fait qu'ils ne puissent être représentés au sein des nouveaux organismes régionaux politiques (les conseils régionaux et locaux de développement) qu'à travers les CRE, une entité exclusivement provinciale, semble confirmer que ces conflits influencent leur légitimité politique. Il y a donc un flou qui entoure la reconnaissance formelle des gouvernements à leur égard. Ce manque de reconnaissance politique, joint au fait que la protection du fleuve Saint-Laurent ne fait l'objet d'aucune juridiction particulière ni de politique spécifique, constitue un obstacle à l'atteinte de leur mandat (Burton, 1997a).

Les faibles sommes accordées par les gouvernements pour concrétiser leur mission de protection et de récupération des usages du fleuve Saint-Laurent est interprété par la plupart des acteurs comme le signe d'un manque d'engagement politique. En effet, le financement sert essentiellement au roulement et à la gestion de l'organisme. Il est nettement insuffisant pour réaliser les projets de protection et de réhabilitation du fleuve des différents comités ZIP. Cela est d'ailleurs confirmé par un document de Stratégies Saint-Laurent (SSL) (SSL, 1997).

Comme les comités ZIP n'ont pas de pouvoir politique et économique formel, ni un appui significatif de la population, les entités politiques régionales et locales n'ont probablement pas le sentiment qu'ils constituent des entités incontournables. Cela influence nécessairement la réalisation des projets environnementaux inclus dans le PARE, car la plupart d'entre eux nécessitent un engagement ferme des partenaires. À ce niveau, il serait pertinent d'adapter davantage le modèle québécois à son équivalent ontarien, les AOC, puisque leur cadre formel leur confère au moins une certaine légitimité. En effet, contrairement au contexte politique et institutionnel québécois, l'existence d'une organisation binationale, la Commission mixte internationale, et de *l'Accord relatif à la qualité de l'eau dans les Grands Lacs* (1978), situe la participation du public dans un cadre officiel muni d'une forte visibilité (Burton, 1997a; Jourdain, 1994).

Ainsi, les comités ZIP tombent là encore au centre d'un cadre général très contrasté qui ne leur facilite pas la tâche. En effet, ils doivent faire appel à des moyens limités pour intégrer la protection du fleuve Saint-Laurent. Les ressources mises à leur disposition ne peuvent en aucune façon se comparer à celles des autres lobbies, tels les agriculteurs ou les grandes industries. D'autres recherches sur les expériences de gestion intégrée ont posé les mêmes questions. Pourquoi créer un organisme de concertation qui n'a ni poids politique, ni argent, et dont le travail débouche sur un document n'ayant aucun poids juridique (Chouinard, 1998; Latour et Le Bourhis, 1995)? S'il ne s'agit que de rassembler des acteurs qui s'opposent, ne pourrait-on pas alléger la structure et moins investir? Inversement, si l'objectif est de passer à une forme concrète de gestion intégrée et de mise en œuvre des projets, pourquoi ne pas accorder des moyens financiers, institutionnels et juridiques suffisants?

5.5   La procédure axée sur la science

L'analyse des comités ZIP démontre que la science constitue un élément central du système, mais c'est également elle qui fait souvent obstacle à la mise en œuvre de la majorité des projets environnementaux du PARE.   Les difficultés observées par rapport aux informations scientifiques se rapportent à leur libre circulation, à leur accessibilité, à leurs incertitudes et à leur interprétation par les différents acteurs.   La cristallisation des débats scientifiques entre les représentants industriels et environnementaux est la principale résultante de ces blocages.

Le premier problème soulevé est lié à la libre circulation des informations scientifiques et à leur accessibilité. Il est important de rappeler que la production des connaissances scientifiques est réalisée par les experts travaillant pour les gouvernements fédéral et provincial.   Ces informations environnementales sur chaque section fluviale sont synthétisées dans un document appelé *Bilan régional*.   Ce bilan sert de document de référence lors des consultations publiques et lors des discussions entre les membres des comités ZIP portant sur les projets environnementaux inclus dans le PARE.   On apprend, au cours des entrevues, que ces connaissances sont utilisées sporadiquement par les acteurs, car elles ne conviennent pas à leurs besoins.

Puisque le processus de collecte d'informations ne prévoit pas une intégration des besoins scientifiques locaux, les connaissances fournies aux comités ZIP ne les aident que partiellement. En effet, plusieurs informations nécessaires à la mise en œuvre des projets environnementaux, considérés prioritaires par la population locale lors des consultations publiques, ne sont pas incluses dans les documents. Ainsi, un des principes de la gestion intégrée, celui de l'intégration du savoir local, ne se concrétise pas dans la réalité. Pour combler cette lacune, le processus de collecte d'informations et de production des connaissances élaboré par les instances gouvernementales aurait avantage à s'assouplir en intégrant les acteurs des comités ZIP par l'inclusion d'étapes rétroactives.

Cette lacune en entraîne une autre. En effet, comme les informations nécessaires à l'avancement des projets environnementaux du PARE sont partielles, ils doivent chercher l'information manquante auprès des différents ministères des deux paliers de gouvernement.

Il existe des ressources humaines, les antennes gouvernementales, au sein des ministères participant au plan d'action SLV 2000, désignées en région pour diriger les comités ZIP vers le ministère ou le fonctionnaire qui détient l'information pertinente. Malheureusement, ces informations détenues par les différents ministères ne sont pas si facilement accessibles, et cela pour plusieurs raisons.

Premièrement, l'antenne gouvernementale semble elle-même éprouver de la difficulté à retracer l'expert approprié au sein du labyrinthe administratif fédéral et provincial. D'ailleurs, même si cet expert détenait l'information recherchée, cela ne signifie pas pour autant que le ministère auquel il appartient lui donnerait son accord pour la transmettre. Les ministères répugnent généralement à répondre aux demandes d'information sur des sujets de nature conflictuelle ou polémique, ce qui est généralement la norme en matière d'environnement (Commission française du développement durable, 1996).

Un examen de la documentation disponible nous renseigne que le même phénomène se produit au sein des AOC, équivalents du programme ZIP dans la région des Grands Lacs. Selon Hartig et Zarull (1992b), les attentes face aux fonctionnaires sont grandes. Ceux-ci sont pris au centre de conflits entre le public et leur ministère. Ainsi, la communication de l'information, en dépit des dispositions réglementaires, est laissée presque exclusivement au bon vouloir de ceux qui la détiennent; pour ceux qui la demandent, la communication de l'information dépend de la capacité de nouer un tissu de relations efficaces et d'établir un rapport de force. Il est donc possible de faire le même constat que celui de Delisle (1995), selon qui il existe une absence de complémentarité entre la collecte d'informations effectuée selon une approche multidisciplinaire et les structures politiques qui fonctionnent encore selon une approche sectorielle.

Le manque de vulgarisation des informations scientifiques est la deuxième raison soulevée par les acteurs pour expliquer la sous-utilisation des connaissances fournies par l'appareil gouvernemental. En effet, le gouvernement ne semble pas avoir tenu compte du fait que les comités ZIP rassemblent des acteurs ayant des niveaux de connaissances très inégaux. Certains de ces acteurs sont des experts en matière d'environnement, alors que d'autres sont des profanes. Le même phénomène se produit lorsque les comités ZIP doivent s'adresser aux populations locales lors des consultations publiques.

Or, la présentation des informations scientifiques servant de référence à ces différentes « clientèles » s'effectue sensiblement de la même façon. Cela entraîne une inégalité entre les différents acteurs, dont l'incompréhension du jargon scientifique employé entraîne une exclusion pour plusieurs d'entre eux.

À l'analyse, on se rend compte qu'un recours abusif à la science fait souvent obstacle à un des concepts clés de la gestion intégrée, celui de la prévention et de la précaution. En effet, il existera toujours une incertitude dans les données recueillies qui peut servir de prétexte pour remettre à plus tard les décisions à prendre (Hartig et Zarull, 1992b). Malgré les discours théoriques sur le principe de précaution, ce concept est loin d'être intégré par la majorité des acteurs. En fait, la seule catégorie d'acteur qui a prôné cette vision proviennent des organismes environnementaux. Puisque l'ensemble des acteurs ne tient pas compte de cette composante, soit parce qu'ils n'en ont jamais entendu parler ou parce qu'ils discourent sur le « fait scientifique », le fardeau de la preuve repose sur les partisans du principe de précaution. Ces derniers doivent démontrer de façon convaincante le lien qui existe entre un polluant spécifique et le dommage qu'il cause à l'environnement, à un usage ou à la santé humaine. Encore une fois, cet obstacle à l'application d'un des principes de la gestion intégrée est présent également dans le modèle correspondant au programme ZIP, celui des « Areas of concern » (Boyer, 1988).

Puisque l'incertitude reliée aux connaissances scientifiques bloque d'une certaine manière la réalisation des projets environnementaux du PARE, les acteurs se tournent vers d'autres moyens pour arriver à leurs fins. Ils font appel aux valeurs sociales, à la viabilité et à la stabilité économique ou aux perceptions du public. Cela nous amène à aborder une autre problématique qu'entraîne l'incertitude de la science : c'est son interprétation ou son utilisation par les acteurs. En France, plusieurs études sur les expériences de gestion intégrée de l'eau ont confirmé, comme nous, que les zones d'incertitude reliées aux connaissances sont utilisées par trois catégories d'acteurs dans le système d'action des comités ZIP : les représentants industriels, environnementaux et de l'État (Barouch, 1989; Latour et Le Bourhis, 1995; Mermet, 1992).

Il est important de préciser ici que, même si les représentants gouvernementaux n'ont pas fait directement l'objet d'une étude particulière, les documents formels, les entrevues et la participation directe à certaines réunions confirment qu'ils sont des acteurs importants du système. Cela pose un problème, car la majorité des connaissances scientifiques proviennent du gouvernement et qu'elles ne sont pas considérées neutres et objectives par les acteurs des comités ZIP. C'est probablement une des raisons pour lesquelles la majorité des acteurs rejette en bloc les informations récoltées par les gouvernements en prétextant « la vétusté des données ».

Chacune de ces trois catégories d'acteurs utilise donc la science pour défendre leurs positions. Ces acteurs usent d'une rhétorique de justification qui prend la forme d'études et de contre-expertises, rédigées dans un jargon scientifique et technique souvent incompréhensible pour la plupart des autres membres. Ce comportement prudent et défensif entrave la bonne circulation de l'information. En retour, cette attitude suscite une exclusion des autres groupes d'acteurs dans le processus qui conduit à leur désengagement. Selon Barouch (1989), ce type de processus décisionnel est voué à l'échec, car il est incapable de susciter la coopération entre les parties, de favoriser les compromis et d'encourager l'émergence de solutions novatrices.

La dépendance des comités ZIP envers les experts gouvernementaux, industriels et/ou environnementaux, lesquels sont également acteurs du système d'action, entraîne une diminution de la confiance quant aux connaissances scientifiques disponibles et les solutions techniques retenues pour résoudre les problématiques environnementales. Cela constitue un obstacle difficile à surmonter, car, sans l'expertise de ces trois acteurs, les comités ZIP ne peuvent avoir accès financièrement à des services scientifiques complètement indépendants. Pour mettre un terme à ces débats d'experts, il faudrait financer une expertise gérée par un organisme indépendant et payer un arbitre neutre qui serait responsable de l'organisation des débats (Barouch, 1989). Un médiateur externe pourrait se consacrer à résoudre les problèmes plutôt que de s'efforcer à maintenir sa crédibilité auprès des autres acteurs du système d'action (Boyer, 1988). Malheureusement, cette solution implique des investissements que ne peuvent probablement pas se permettre les comités ZIP.

En conclusion, les incertitudes scientifiques sont interprétées ou utilisées différemment par chaque catégorie d'acteurs lors du processus décisionnel devant mener finalement à la réalisation des projets du plan d'action et de réhabilitation écologique (PARE) et à la résolution des controverses environnementales. Dans le système étudié, ce jeu entre les acteurs laisse une place importante aux défenseurs du *statu quo*, les projets de protection du fleuve Saint-Laurent étant souvent relégués aux oubliettes. Finalement, les débats entre experts dans les comités ZIP sont, de fait, à l'image de la société en général : oppositions entre intérêts et valeurs sociales souvent de poids inégaux.

CONCLUSION

Dans la plupart des pays développés, les principes du modèle de gestion sectorielle des politiques publiques en environnement ont été fortement remis en question depuis plusieurs décennies. Un nouveau concept de planification, la gestion intégrée, a été implanté conséquemment dans plusieurs régions du monde. En ce qui concerne plus particulièrement les politiques publiques relatives à la gestion de l'eau, la gestion intégrée par bassin versant est considérée par plusieurs auteurs comme le modèle idéal de planification de l'eau depuis plus d'une vingtaine d'années au Québec (Jourdain, 1994; Pearse et al., 1985; Québec, 1975; Tremblay, 1996). Cependant, la mise en œuvre de la gestion intégrée et de ses principes fondamentaux implique de nombreux et importants changements sociaux.

Dans la majorité des pays qui ont adopté ce mode de planification, la gestion intégrée par bassin versant est associée à l'émergence d'une décentralisation des pouvoirs de l'État (Barraqué, 1995). La plupart des pays européens connaissent ce phénomène depuis plus d'une quinzaine d'années, alors qu'au Québec les impacts de la régionalisation commencent tout juste à se faire sentir (Barraqué, 1995; Québec, 1997; Tremblay, 1996).

Cette vague de décentralisation amènera fort probablement les instances gouvernementales à privilégier et à étendre le modèle de gestion intégrée à l'échelle nationale (Burton, 1997b). Depuis une dizaine d'années, diverses expériences de gestion intégrée de l'eau sont en cours sur le territoire québécois (COBARIC, 1996; Gangbazo, 1995, 1996; Tomalty et al., 1994). Parmi celles-ci, le programme de protection du fleuve Saint-Laurent, le Plan d'action Saint-Laurent Vision 2000 (SLV 2000), est estimé comme le modèle intégrant la majorité des principes de la gestion intégrée par l'adoption d'une approche écosystémique (Tomalty et al., 1994).

Malgré les nombreux éloges dont fait l'objet la gestion intégrée, peu de recherches québécoises se sont attardées à étudier la manière dont est appliqué ce modèle concrètement, à identifier les obstacles de son application ainsi que ses limites. Cette recherche visait donc à améliorer les connaissances empiriques sur la gestion intégrée et à cerner les obstacles possibles à son application par l'analyse du fonctionnement de deux organismes régionaux appelés comités Zone d'Intervention Prioritaire (ZIP), intégrés au programme gouvernemental de protection du fleuve Saint-Laurent SLV 2000. Cette étude voulait atteindre cet objectif en répondant aux deux questions suivantes : 1- comment les comités ZIP étudiés en partenariat avec les instances gouvernementales en viennent-ils à gérer les problématiques environnementales de leur région? 2- Quels sont les problèmes, les obstacles et les limites rencontrés par ces organisations dans le cadre de leur mandat?

Nous avons émis l'hypothèse qu'il était possible de répondre à ces questions en étudiant le contexte organisationnel de ce système humain et des individus qui y oeuvrent et en les comparant à des études connexes. En raison de la complexité du sujet étudié, le problème de recherche a été abordé selon une approche systémique. Plus précisément, nous avons fait appel à l'analyse stratégique, fréquemment utilisée en sociologie des organisations.

Les études de cas réalisées montrent que les obstacles à l'application de la gestion intégrée dans les deux comités ZIP analysés sont liés étroitement aux dérives qui se produisent entre le cadre formel et le système informel développé par les acteurs. En effet, chaque dérive du système qui fait obstacle au mandat de protection du fleuve Saint-Laurent de ces organismes peut être reliée à la difficulté d'appliquer un des nombreux principes fondamentaux de la gestion intégrée. La comparaison des résultats de cette recherche avec ceux des études connexes laisse entrevoir que ces obstacles ou ces limites se répètent généralement d'une expérience à l'autre.

Les limites à l'application de la gestion intégrée qui ont été observées dans cette recherche peuvent être regroupées en cinq catégories: l'inégalité du rapport de force entre les acteurs, la concertation, la gestion régionale de l'eau, la division du territoire par bassin versant et la procédure axée sur la science.

La première difficulté rencontrée est relative l'application d'un des principes de la gestion intégrée : celui qui vise à impliquer, dans le processus décisionnel, le maximum d'acteurs concernés de façon à ce que l'intérêt général soit représentatif de l'ensemble de la société (Tomalty et al., 1994; Lascoumes et Le Bourhis, 1998a). En effet, il existe toujours des risques que le processus soit dominé par un ou plusieurs intervenants, car, contrairement à la théorie, les acteurs en présence ont rarement un rapport de force équivalent. Cette étude confirme, à l'instar de plusieurs autres études, qu'une inégalité entre les rapports de force des acteurs provenant des milieux communautaires, privés et étatiques existe au sein des comités ZIP. Afin d'assurer la viabilité du programme ZIP, il serait nécessaire d'explorer les moyens qui permettent de palier à ce déséquilibre entre les groupes d'acteurs ainsi que d'assurer l'imputabilité du processus de concertation. En effet, il existe un flou entourant la division des responsabilités relatives à la protection du fleuve Saint-Laurent entre les instances gouvernementales et les comités ZIP.

Il est possible de constater que l'intégration du programme ZIP au SLV 2000 résulte d'un phénomène d'institutionnalisation de la protection de l'environnement. Ce phénomène n'est pas exclusif au Québec puisqu'il a accompagné également la mise en place d'une gestion intégrée dans plusieurs pays européens et dans la région des Grands Lacs (Barraqué, 1997; Armour, 1990; Hartig et Zarull, 1992a). Si l'on peut se réjouir de ces pratiques politiques participatives, il existe un danger de voir la capacité de jugement critique compromise par les nécessités diplomatiques du partenariat. L'analyse des entrevues et des documents du programme ZIP confirme d'ailleurs qu'aucun projet relié à une problématique environnementale « trop politique » ou « trop chaude » n'a été réalisé jusqu'à maintenant (tableau 5.1). De plus, la comparaison entre les résultats de cette recherche avec d'autres tend à confirmer que l'application du principe de gestion intégrée prend la forme d'un système néocorporatiste qui favorise la domination des groupes organisés au détriment de ceux qui ne possèdent pas un niveau d'organisation suffisant.

La concertation, en tant que mode d'interaction privilégié pour la négociation entre les acteurs, entraîne l'exclusion des acteurs qui emploient une stratégie plus « radicale » et d'opposition plus ouverte. Elle favorise en outre une neutralisation de la question de l'intégrité écologique du fleuve Saint-Laurent. Plus souvent qu'autrement, le processus de concertation l'emporte sur l'objectif premier de protection de l'environnement. La recherche du consensus à tout prix est souvent stérile, car les membres consacrent davantage leur énergie au processus de décision qu'à l'action. En effet, lorsqu'il y a autant de participants, ce type de processus conduit facilement à une impasse et mène souvent au *statu quo*. En somme, si le processus n'est pas modifié, seuls les projets des plans d'action et de réhabilitation écologique (PARE) ayant peu de retombées bénéfiques sur l'écosystème fluvial se concrétiseront, soit ceux qui ont peu d'incidences politiques et économiques.

Cependant, les acteurs environnementaux « radicaux » qui remettent en question sur la place publique ce processus institutionnel à tendance néocorporatiste et qui dénoncent l'exclusion des valeurs qu'ils défendent, pourraient favoriser l'émulation de ce système. En effet, l'action de mettre en doute la représentativité et la légitimité même de ces processus a pour effet de contrer un de leurs principaux objectifs : la consolidation et la légitimation des décisions prises. Les systèmes institutionnels à tendance néocorporatiste, tels que sont devenus les comités ZIP, pourraient alors être contraints d'adopter de nouvelles façons de faire et d'agir qui soient davantage démocratiques.

La troisième limite rencontrée concerne l'application du principe de subsidiarité prôné par la gestion intégrée. Le programme ZIP peut être considéré comme une application de ce principe puisqu'il a été reconnu par le gouvernement, porté par une vague de décentralisation, pour jouer un rôle dans la gestion de la portion du fleuve Saint-Laurent qui traverse leur région. Les résultats de cette étude tendent à démontrer qu'il y a des risques à privilégier une gestion régionale au détriment d'une gestion nationale, particulièrement dans le cas du fleuve Saint-Laurent. Dans une perspective sociale-démocrate, le système de gestion mis en place doit assurer une répartition équitable de la ressource hydrique et en maintenir une qualité minimale.

À cause de la nature politique des enjeux et des arbitrages nécessaires, il est essentiel que l'État continue d'assumer son rôle dans l'application d'une planification fondée sur des objectifs globaux de qualité de la ressource. Il est important de considérer les trois niveaux sans en privilégier un *a priori* afin d'orienter la planification des actions vers une prévision à long terme. Il serait trop facile de reproduire une des erreurs résultant de l'utilisation de la gestion sectorielle en matière d'environnement : l'absence de vision holistique.

La quatrième difficulté d'application de la gestion intégrée est reliée à l'harmonisation des systèmes humains développés à partir des divisions territoriales traditionnelles à ceux développés à partir des divisions territoriales basées sur le bassin-versant. Bien que la délimitation du territoire soit basée sur les caractéristiques du bassin-versant, chaque comité ZIP doit s'adapter aux limites municipales existantes et agir en conséquence. Cet obstacle à l'application de la gestion intégrée se présente également en France avec les agences de bassin, malgré leur implantation depuis une quinzaine d'années (Latour et Le Bourhis, 1995).

Malgré tout, une des clés du succès des comités ZIP résiderait dans leur capacité à trouver des appuis politiques qui trouveront leur intérêt dans la prise en compte de l'unité géographique pour modifier à leur profit les autres unités politiques déjà présentes. Cependant, leur manque de reconnaissance politique, liée au fait que la protection du fleuve Saint-Laurent n'est ni encadrée juridiquement, ni par une politique spécifique constitue un obstacle (Burton, 1997a). En effet, sans un pouvoir politique et économique formel, ni de participation très visible de la population, les entités politiques régionales et locales n'ont probablement pas l'impression que les comités ZIP constituent des entités incontournables. Cela influence nécessairement la mise en œuvre de leurs projets environnementaux de protection du fleuve Saint-Laurent, car la plupart d'entre eux nécessitent un engagement ferme des partenaires.

Finalement, l'analyse du système des comités ZIP démontre que la science en constitue un des éléments fondamentaux, mais elle est souvent un obstacle à la mise en œuvre de la majorité des projets environnementaux du plan d'action et de réhabilitation écologique (PARE). Les difficultés observées par rapport aux informations scientifiques touchent à leur libre circulation, à leur accessibilité, à leurs incertitudes et à leur interprétation par les différents acteurs. La cristallisation des débats scientifiques entre les représentants industriels et environnementaux est la principale résultante de ces blocages. Ce phénomène a également été rapporté dans les « Areas of concern », les équivalents des comités ZIP dans la région des Grands Lacs. Dans le système d'action des comités ZIP, les incertitudes scientifiques sont interprétées ou utilisées différemment par chaque catégorie d'acteurs lors du processus décisionnel devant mener à la réalisation finale des projets du PARE et à la résolution des controverses environnementales. Ce jeu entre les acteurs laisse une place importante aux défenseurs du *statu quo*, les projets de protection du fleuve Saint-Laurent étant souvent relégués aux oubliettes.

Le processus de collecte et de production des connaissances élaboré par les instances gouvernementales, n'intègre pas les acteurs des comités ZIP. Ainsi, la prise en compte d'un des principes de la gestion intégrée, celui de l'intégration du savoir local, ne se concrétise pas dans la réalité. L'analyse des comités ZIP démontre qu'un recours abusif aux connaissances scientifiques en raison de l'incertitude qui les entoure, fait souvent obstacle à un des concepts clés de la gestion intégrée, soit la prévention et la précaution.

On constate aussi que le système mis en place amène une inégalité entre les différents acteurs, car l'incompréhension du jargon scientifique et technique employé entraîne une exclusion de plusieurs d'entre eux.

En conclusion, le passage du discours à la pratique est loin d'être réalisé. Le tableau de la « nouvelle » gestion de l'eau et, plus globalement, de l'environnement, démontre que le modèle théorique de la gestion intégrée subit de fortes dérives dans la réalité. Avant de généraliser ce type de gestion, il sera nécessaire d'y apporter plusieurs correctifs, sans quoi il est fort probable qu'il ne permettra pas d'accéder à une amélioration de la protection de l'environnement aussi importante que prévue. Il ressort de cette étude que la plupart des obstacles à l'application de la gestion intégrée de l'eau proviennent de la difficulté des systèmes institutionnalisés et des acteurs concernés à se départir des caractéristiques et des jeux qui expliquent l'insuccès de la gestion sectorielle à résoudre les problèmes environnementaux. De fait, malgré les efforts et les progrès accomplis, le programme ZIP dans le cadre du programme Saint-Laurent Vision 2000 parvient difficilement à contrer le système institutionnel qui a été créé au départ selon une vision rationnelle de la gestion de l'environnement.

La première illusion de la gestion intégrée est de croire qu'en inscrivant un problème environnemental dans un cadre participatif élargi, on en fera une préoccupation commune. Cette étude permet de constater que la participation des acteurs à ces organismes de concertation est souvent un prétexte pour faire progresser d'autres dossiers. En général, les acteurs s'intéressent à l'eau parce qu'elle leur permet d'arriver à leurs fins. La gestion intégrée est une solution rassurante pour calmer les disputes dues aux conflits d'usages et aux impasses qu'elles provoquent. Les acteurs qui ont avantage à éviter les conflits adoptent donc spontanément le langage de la gestion intégrée.

Cependant, il ne suffit pas de prôner la gestion intégrée : il faut se donner les moyens de l'appliquer. Lorsque la gestion intégrée se limite aux discours, sans véritable volonté de changement, cela dispense de soulever les problèmes réels. Malheureusement, la résultante de cette situation est trop souvent la poursuite de la dégradation de l'environnement.

APPENDICE A

LISTE DES DOCUMENTS COMPLÉMENTAIRES CONSULTÉS POUR L'ANALYSE DU SYSTÈME D'ACTION CONCRET DE DEUX COMITÉS ZIP

Armellin, Alain, Pierre Mousseau et Pierre Turgeon. 1995. *Synthèse des connaissances sur les communautés biologiques du secteur d'étude Montréal-Longueuil : Rapport technique, Zone d'intervention prioritaire 9.* Montréal (Qué.) : Environnement Canada – région du Québec, Conservation de l'environnement, Centre Saint-Laurent, 174 p.

Armellin, Alain, Pierre Mousseau, M. Gilbert et Pierre Turgeon. 1994. *Synthèse des connaissances sur les communautés biologiques du lac Saint-Louis : Rapport technique, Zones d'intervention prioritaire 5 et6.* Montréal (Qué.) : Centre Saint-Laurent, 236 p.

Armellin, Alain, Pierre Mousseau et Pierre Turgeon. 1994. *Synthèse des connaissances sur les communautés biologiques du lac Saint-François : Rapport technique, Zones d'intervention prioritaire 1 et 2.* Montréal (Qué.) : Centre Saint-Laurent, 214 p.

Auclair, Marie-José. 1995. *Bilan régional : Secteur d'étude Montréal-Longueuil : Zone d'intervention prioritaire 9.* Montréal (Qué.) : Centre Saint-Laurent, 65 p.

Auclair, Marie-José. 1994. *Bilan régional : Lac Saint-François (ZIP 1 et 2).* Montréal (Qué.) : Centre Saint-Laurent, 52 p.

Auclair, Marie-Josée. 1993. *Bilan régional : Lac Saint-Louis (ZIP 5 et 6).* Montréal (Qué.) : Centre Saint-Laurent, 121 p.

Auclair, Marie-Josée, Danielle Gingras et Jeff Harris. 1991. *Synthèse et analyse des connaissances sur les aspects socio-économiques du lac Saint-Pierre : Rapport technique, Zone d'intérêt prioritaire no. 11.* Montréal (Qué.) : Centre Saint-Laurent, 167 p.

Bibeault, Jean-François, et Anne Jourdain. 1995. *Synthèse et analyse des connaissances sur les aspects socio-économiques du secteur d'étude Montréal-Longueuil : Rapport technique, Zone d'intervention prioritaire 9.* Montréal (Qué.) : Environnement Canada – région du Québec, Conservation de l'environnement, Centre Saint-Laurent, 213 p.

Burton, Jean. 1991. *Le Lac Saint-Pierre, Zone d'intérêt prioritaire no. 11 : Document d'intégration.* Montréal (Qué.) : Centre Saint-Laurent, 98 p.

Buzzetti, Hélène. 1998. « Creusage du chenal entre Montréal et Cap à la Roche : le débat atterrit devant les tribunaux ». *Le Devoir* (Montréal), 22 juillet, p. A2.
Comité ZIP Alma-Jonquière. 1998. *Liste des priorités retenues.* 3 p.

Comité ZIP Alma-Jonquière. 1998. *Plan d'action et de réhabilitation écologique du tronçon Alma-Jonquière de la rivière*

Saguenay. Alma (Qué.) : Comité ZIP Alma-Jonquière, paginations diverses.

Comité ZIP Baie des Chaleurs. 1997. *Au colloque sur la Baie des Chaleurs : des priorités régionales mises de l'avant.* Communiqué de presse, 2 p.

Comité ZIP Côte-Nord du Golfe. 1998. *Plan d'action et de réhabilitation écologique du Golfe du Saint-Laurent.* Sept-Îles (Qué.) : Comité ZIP Côte-Nord du Golfe, paginations diverses.

Comité ZIP Côte-Nord du Golfe. 1998. *Priorités d'action.* 4 p.

Comité ZIP Est de Montréal. 1997. *Plan d'action et de réhabilitation écologique du secteur Est de Montréal du fleuve St-Laurent.* Montréal (Qué.) : Comité ZIP Est de Montréal, paginations diverses.

Comité ZIP Est de Montréal. 1995. *« Un fleuve s'ouvre à vous ». 1er colloque de la ZIP Est de Montréal les 26 et 27 mai 1995. Liste des priorités établies lors du colloque.* 2 p.

Comité ZIP du Haut Saint-Laurent. 1997. *Plan d'action et de réhabilitation écologique du Lac Saint-François.* Salaberry-de-Valleyfield (Qué.) : Comité ZIP du Haut Saint-Laurent, paginations diverses.

Comité ZIP du Haut Saint-Laurent. 1996. *Plan d'action et de réhabilitation écologique du Lac Saint-Louis.* Salaberry-de-Valleyfield (Qué.) : Comité ZIP du Haut Saint-Laurent, paginations diverses.

Comité ZIP du Haut Saint-Laurent. 1995. *Priorités lors de la consultation au Lac Saint-François tenue à Saint-Anicet les 10 et 11 février 1995.* 2 p.

Comité ZIP du Haut Saint-Laurent. 1994. *Liste des priorités établies lors du colloque sur le Lac Saint-Louis à Beauharnois les 25 et 26 mars 1994.* 2 p.

Comité ZIP du Lac Saint-Pierre. 1997. *Plan d'action et de réhabilitation écologique du Lac Saint-Pierre.* Louiseville (Qué.) : Comité ZIP du lac Saint-Pierre, paginations diverses.

Comité ZIP du Lac Saint-Pierre. 1992. *Consultation ZIP Saint-Pierre – Propositions.* 2 p.

Comité ZIP Québec. 1998. *Plan d'action et de réhabilitation écologique du tronçon Québec-Lévis.* Québec (Qué.) : Comité ZIP Québec, paginations diverses.

Comité ZIP Québec. 1995. *Forum-consultation ZIP de Québec et Chaudière-Appalaches : bilan environnemental et priorités d'actions-tronçon Québec-Lévis.* Communiqué de presse, 4 p.

Comité ZIP Saguenay. 1998. *Liste des priorités retenues.* 3 p.

Comité ZIP Saguenay. 1998. *Plan d'action et de réhabilitation écologique de la rivière Saguenay.* La Baie (Qué.) : Comité ZIP Saguenay, paginations diverses.

Comité ZIP Ville-Marie. 1997. *Au colloque sur les bassins de La Prairie et le nord du lac Saint-Louis : des priorités régionales mises de l'avant.* Communiqué de presse, 2 p.

Corbeil, Michel. 1996. « Saint-Laurent Vision 2000 – Le nouveau plan fédéral n'atteint pas la pollution agricole ». *Le Soleil* (Québec), 24 avril.

Fortin, Guy. 1995. *Synthèse des connaissances sur les aspects physiques et chimiques de l'eau et des sédiments du secteur d'étude Montréal-Longueuil : Rapport technique, Zone d'intervention prioritaire 9.* Montréal (Qué.) : Centre Saint-Laurent, 144 p.

Fortin, Guy, Daniel Leclair et Aline Sylvestre. 1994. *Synthèse des connaissances sur les aspects physiques et chimiques de l'eau et des sédiments du lac Saint-François : Rapport technique, Zones d'intervention prioritaire 1 et 2.* Montréal (Qué.) : Environnement Canada – région du Québec, Conservation de l'environnement, Centre Saint-Laurent, 162 p.

Fortin, Guy, Daniel Leclair et Aline Sylvestre. 1994. *Synthèse des connaissances sur les aspects physiques et chimiques de l'eau et des sédiments du lac Saint-Louis : Rapport technique, Zones d'intervention prioritaire 5 et 6.* Montréal (Qué.) : Centre Saint-Laurent, 177 p.

Francoeur, Louis-Gilles. 1998. « Ottawa risque un affrontement juridique sur le creusage du fleuve Saint-Laurent. Les travaux débuteront au plus tard à la mi-août; Écologistes et citoyens veulent obtenir des audiences publiques par la voie des tribunaux ». *Le Devoir* (Montréal), 13 juillet, p. A3.

Francoeur, Louis-Gilles. 1998. « Près des émissaires d'Alcan et de la société PPG : un véritable dépotoir de toxiques découvert en amont du barrage Smith ». *Le Devoir* (Montréal), 20 juin, A4.

Francoeur, Louis-Gilles. 1998. « Phase III du PASL : la pollution agricole, cible prioritaire ». *Le Devoir* (Montréal), 9 juin.

Francoeur, Louis-Gilles. 1996. « Saint-Laurent Vision 2000 – La dépollution réelle reste à mesurer ». *Le Devoir* (Montréal), 20 septembre.

Francoeur, Louis-Gilles. 1995. « Région de Québec-Lévis : érosion et dragage abîment le fleuve ». *Le Devoir* (Montréal), 8 novembre, A4.

Francoeur, Louis-Gilles. 1993. « Journée internationale de l'environnement. Le lac Saint-louis, c'est PARÉ : Le Plan d'action et de réhabilitation écologique servira de canevas pour la restauration du lac ». *Le Devoir* (Montréal), 6 juin, A2.

Francoeur, Louis-Gilles. 1993. « Dépollution du Saint-Laurent – Ottawa et Québec publient leur bilan qunquennal : le fleuve intoxiqué par ses tributaires ». *Le Devoir* (Montréal), 28 décembre.

Francoeur, Louis-Gilles. 1993. « Environnement : Québec et Ottawa élargissent sensiblement la portée du PASL ». *Le Devoir* (Montréal), 27 novembre.

Gagnon, Marc. 1996. *Bilan régional : Estuaire maritime du Saint-Laurent: Zone d'intervention prioritaire 18.* Montréal (Qué.) : Environnement Canada – région du Québec, Conservation de l'environnement, Centre Saint-Laurent, 100 p.

Gagnon, Marc. 1995. *Bilan régional : Secteur du Saguenay: Zones d'intervention prioritaire 22 et 23.* Montréal (Qué.) : Environnement Canada – région du Québec, Conservation de l'environnement, Centre Saint-Laurent, 75 p.

Gagnon, Marc. 1995. *Bilan régional : Secteur Québec-Lévis :Zone d'intervention prioritaire 14.* Montréal (Qué.) : Environnement Canada – région du Québec, Conservation de l'environnement, Centre Saint-Laurent, 65 p.

Gareau, Priscilla, Claire Lachance et Francine Poupard. 1999. *Rapport de la consultation publique sur l'état environnemental de la section fluviale « Entre 2 Lacs »* (Salaberry-de-Valleyfield, 13-14 novembre 1998). Salaberry-de-Valleyfield (Qué.): Comité ZIP du Haut Saint-Laurent, 56 p.

Girard, Marie-Claude. 1998. « Bataille juridique pour suspendre le dragage de la Voie maritime : trois groupes environnementalistes déposeront une requête en Cour fédérale ». *La Presse* (Montréal), 28 juin, A8.

Girard, Marie-Claude. 1998. « Le fond de la rivière Saint-Louis est fortement contaminé au mercure et aux HAP ». *La Presse* (Montréal), 20 juin, A27.

Jourdain, Anne, Marie-José Auclair et Jocelyn Paquin. 1994. *Synthèse et analyse des connaissances sur les aspects socio-économiques du lac Saint-Louis : Rapport technique, Zones d'intervention prioritaire 5 et 6.* Montréal (Qué.) : Centre Saint-Laurent, 198 p.

Jourdain, Anne, Jean-François Bibeault et Pierre Sarrazin. 1994. *Synthèse et analyse des connaissances sur les aspects socio-économiques du lac Saint-François : Rapport technique, Zones d'intervention prioritaire 1 et 2.* Montréal (Qué.) : Centre Saint-Laurent, 182 p.

Lamond, Georges. 1995. « Les rives du lac Saint-François s'améliorent, mais des polluants subsistent. La présence de certains éléments organiques à l'entrée du lac reste toutefois préoccupante ». *La Presse* (Montréal), 18 janvier, A12.

Langlois, Claude, Louise Lapierre et Martin Léveillé. 1992. *Synthèse des connaissances sur les communautés biologiques du lac Saint-Pierre : Rapport technique, Zone d'intérêt prioritaire no. 11.* Montréal (Qué.) : Centre Saint-Laurent, 236 p.

Lauzon, Lyne. 1994. « Une participation réelle : celle des citoyens ». *Le Devoir* (Montréal), 28 mai, B7.

Presse canadienne. 1993. « Ottawa annonce la phase II du Plan d'action Saint-Laurent ». *La Presse* (Montréal), 3 avril.

Roberge, Pierre. 1994. « Québec et Ottawa confirment un plan de dépollution du Saint-Laurent ». *La Presse* (Montréal), 19 avril, B1.

Saint-Pierre, Annie. 1995. « Corvée de nettoyage le long du Saint-Laurent ». *Le Soleil* (Québec), 16 juin, A4.

Saint-Pierre, Annie. 1995. « 1,6 million $ pour le Saint-Laurent. Un premier devoir accompli qui réjouit Stratégie Saint-Laurent ». *Le Soleil* (Québec), 10 avril, A7.

Saint-Pierre, Annie. 1995. « Projet de sauvetage de l'esturgeon dans l'estuaire de la Manicouagan ». *Le Soleil* (Québec), 3 avril, C2

Sylvestre, Aline, Louise Champoux et Daniel Leclair. 1992. *Synthèse des connaissances sur les aspects physiques et chimiques de l'eau et des sédiments du lac Saint-Pierre : Rapport technique, Zone d'intérêt prioritaire no. 11.* Montréal (Qué.) : Centre Saint-Laurent, 101 p.

Pour conserver l'anonymat des organismes étudiés, nous nous contenterons de divulguer les autres types de documents consultés, sans en mentionner les titres exacts.

- ➢ Procès-verbaux;
- ➢ Règlements généraux;
- ➢ États et rapports financiers;
- ➢ Rapports d'activités.

APPENDICE B

**QUESTIONNAIRE OU GUIDE D'ENTRETIEN DE L'ANALYSE
STRATEGIQUE**

1)   Le travail

1.1   Qu'est-ce qui vous a amené à siéger au comité ZIP? En
      quoi consiste votre tâche? Quel rôle y jouez-vous? Pouvez-
      vous me décrire les principaux aspects de votre tâche et de
      votre rôle?

1.2   Quels sont les aspects les plus importants de votre tâche ou
      de vos activités au sein du comité ZIP? Quels sont les
      aspects les plus difficiles? Les plus intéressants?

1.3   Quels sont les principaux problèmes que vous rencontrez
      dans votre tâche ou votre mandat? Comment parvenez-
      vous à les résoudre?

2)   Les relations

2.1   Avec qui êtes-vous amené à collaborer ou avec qui êtes-
      vous en relation durant l'accomplissement de votre tâche?

2.2   Quelles sont les relations les plus importantes? Celles qui
      sont difficiles ou conflictuelles? Celles qui sont
      intéressantes?

2.3   Avec lequel ou lesquels de ces partenaires entretenez-vous
      de bonnes ou de mauvaises relations? Pourquoi?

3) La philosophie du rôle

3.1 Comment concevez-vous votre tâche ou votre mandat au sein du comité ZIP? Selon vous, idéalement qu'est-ce que vous devriez faire? Quels sont vos objectifs?

3.2 Quels sont les dossiers ou les projets sur lesquels vous travaillez? Pourquoi avez-vous opté pour ce dossier ou ce projet?

3.3 Selon vous, y aurait-il une façon de rendre votre mandat ou votre tâche plus utile ou plus efficace au sein de la ZIP?

3.4 Quels sont les problèmes auxquels doit faire face le comité ZIP? A votre avis, qu'est-ce qu'il faudrait changer pour améliorer le fonctionnement de l'organisme?

4) Questions complémentaires

4.1 Que pensez-vous des bilans produits par les experts gouvernementaux oeuvrant au sein du programme SLV 2000?

4.2 Comportent-ils des avantages? Des limites?

4.3 Comment se passent les discussions entre les membres du CA autour de ce bilan?

Source : adapté de Friedberg, Erhard. 1988. *L'analyse sociologique des organisations*. Paris : L'Harmattan, 125 p.

APPENDICE C

FICHE MODELE POUR LA DESCRIPTION DES ACTEURS

Nom de l'acteur	
Description	
Atouts	
Contraintes	
Liens, affinités ou désaccords	
Attitudes, sentiments	
Enjeux, intérêts et/ou objectifs	
Stratégies	

APPENDICE D

LA METHODE NOMINALE ET LE DEROULEMENT DES ATELIERS LORS DE LA CONSULTATION PUBLIQUE DES COMITES ZIP

L'atelier est dirigé par un animateur qui gère la durée des interventions et clarifie les énoncés. Un secrétaire note les énoncés sur de grandes affiches placardées, tandis qu'un autre s'assure que le temps alloué à chaque étape est respecté. Lorsque les énoncés sont classés par ordre de priorité, les deux secrétaires se partagent le travail. À la fin, un secrétaire compile les résultats et effectue les calculs de pondération qu'il retranscrit sur de petites feuilles. L'autre secrétaire effectue les calculs demandés (total des points x nombre de votes et pondération). L'animateur doit veiller à ce que les participants évitent de soulever des discussions, de poser des questions ou de s'accuser mutuellement.

No. Étape Conseils pratiques

1. **Expliquer le déroulement**

Préciser d'abord le *titre de l'atelier* afin que chacun participe à l'atelier qui lui convient. Expliquer les principales *étapes de la méthode*, tout en indiquant son objectif qui consiste à *formuler des priorités d'action* pour les comités ZIP. Indiquer également que l'on veut éviter les débats et que le temps requis à chaque étape doit être suivi rigoureusement. S'assurer que tous les participants ont un crayon et des feuilles blanches. Faire le décompte des participants à l'atelier, car le calcul final de pondération tient compte de cette variable. Souligner que seuls les résidents peuvent énoncer des priorités et voter. Limiter les représentants gouvernementaux hors de la région à un rôle d'observateur.

2. **Produire une liste individuelle de priorités**

Allouer les cinq premières minutes aux participants afin qu'ils classent les énoncés par ordre de priorités qu'ils vont, à tour de rôle, communiquer à l'animateur et au secrétaire. Insister alors sur le fait que les priorités doivent prendre la forme d'une action :

- l'énoncé doit être court (15 secondes au maximum) ;
- avec une cible clairement définie (une ressource, un site particulier, etc.) ;
- associer l'action à un verbe concret.

3.   **Établir une liste commune de priorités**

Placarder des affiches afin de diffuser l'information visiblement. Inscrire les énoncés à tour de rôle. Identifier les énoncés (par un numéro). Clarifier, si nécessaire, la formulation de l'énoncé avec l'accord de la personne qui l'a proposé. S'assurer qu'il n'y a pas de redondance entre les énoncés.

4.   **Clarifier la liste commune des priorités**

La clarification pour les autres participants est une autre étape. Celle-ci est nécessaire au cas où des participants poseraient des questions ou s'ils avaient des difficultés à comprendre un énoncé. On pourra procéder à des regroupements d'énoncés si les participants le désirent. Ces regroupements sont identifiés par un nouveau numéro.

5. **Préparer les choix et la période « d'interinfluence »**

Les participants disposent de dix minutes pour réfléchir à nouveau sur les priorités exposées par l'ensemble du groupe et pour les inscrire sur les feuilles qui leur sont remises au début de l'atelier. Les sept énoncés doivent être notés en ordre décroissant. Sept points seront attribués à l'énoncé jugé le plus prioritaire (et un point pour l'énoncé le moins prioritaire). À ce moment, les participants peuvent exprimer les raisons qui les motivent à choisir un énoncé afin d'influencer les autres. Le temps alloué à chacun ne devrait pas dépasser 30 secondes.

6. **Choisir et mettre en ordre les priorités individuelles**

Les participants ont cinq minutes pour revoir une dernière fois leur jugement. Pendant ce temps, le secrétaire placarde de nouvelles affiches. Ces affiches exposent la matrice suivante :

No. de l'énoncé	7 points	6	5	4	3	2	1
1							
2							
Etc.							

7.   **Établir l'ordre des priorités du groupe**

On fait le décompte des participants qui vont procéder au vote. Chaque participant communique ses priorités, de la plus importante (7 points) à la moins importante (1 point). Par la suite, l'animateur et le secrétaire procèdent au calcul et à la compilation des résultats. Une fois les opérations terminées, on peut identifier les sept énoncés ayant récolté la moyenne pondérée la plus élevée.

8.   **Établir la liste des priorités recommandées par le groupe**

À la fin, on inscrit sur un acétate les sept énoncés ayant des moyennes pondérées les plus élevées ainsi

>230

que leur pointage pondéré. Un secrétaire présentera les résultats recueillis lors de la plénière du colloque qui réunit l'ensemble des participants.

RÉFÉRENCES

Armour, Audrey M. 1990. « Public participation in remedial action planning ». In *Public participation and Remedial Action Plans: an overview of approaches, activities and issues arising from RAP coordinator's forums*, sous la dir. de International Joint Commission, Great Lakes Regional Office, Societal committee of the Great Lakes Science Advisory Board, p. 5-7. Windsor (Ontario).

Banton, Olivier, Isabelle Cellier, Daniel Martin, Michel Martin et Jean-Charles Samson. 1995. *Contexte social de la gestion des eaux souterraines au Québec.* Sainte-Foy (Qué.): Institut national de la recherche scientifique-Eau (INRS-Eau), 146 p.

Barouch, Gilles. 1989. *La décision en miettes : systèmes de pensée et d'action à l'œuvre dans la gestion des milieux naturels.* Paris : Éditions L'Harmattan, 237 p.

Barraqué, Bernard. 1997. « Gouverner en réseau en France: les agences de l'eau ». In *Ces réseaux qui nous gouvernent?*, sous la dir. de Michel Gariépy et Michel Marié, p. 253-284. Paris et Montréal: L'Harmattan.

Barraqué, Bernard. 1995. « Les politiques de l'eau en Europe ». *Revue française de science politique*, vol. 45, no 3, p. 420-453.

Beauchamp, André. 1998. « La résolution des conflits d'usage». In *Symposium sur la gestion de l'eau au Québec* (Montréal, 10-12 décembre 1997), sous la dir. de Jean-Pierre Villeneuve, Alain N. Rousseau et Sophie Duchesne, vol. 1, p. 251-257. Québec : INRS-Eau.

Bélanger, Paul R., et Benoît Lévesque. 1992. « Le mouvement populaire et communautaire: de la revendication au partenariat (1963-1992) ». In *Le Québec en jeu. Comprendre les grands défis.*, sous la dir. de Gérard Daigle avec la collaboration de Guy Rocher, p. 713-747. Montréal : Presses de l'Université de Montréal.

Bernoux, Philippe. 1985. *La sociologie des organisations : initiation théorique suivie de douze cas pratiques.* Paris : Seuil, 363 p.

Bibeault, Jean-François. 1997. « L'émergence d'un modèle québécois de gestion de l'eau à la rencontre des territoires et des réseaux ». In *Ces réseaux qui nous gouvernent?,* sous la dir. de Michel Gariépy et Michel Marié, p. 325-343. Paris et Montréal: L'Harmattan.

Boudon, Raymond (dir. pub.). 1982. *Traité de sociologie.* Paris : Presses universitaires de France, 575 p.

Boyer, Barry. 1988. « Creating, managing, and postponing conflict through remedial action plans ». In *Environmental dispute resolution in the Great Lakes region : a critical appraisal. Great Lakes Program Conference,* sous la dir. de Lynne S. Bankert et R. Warren Flint, p. 94-110. Buffalo : Great Lakes Program.

Burton, Jean. 1997a. « La participation du public à la gestion environnementale du fleuve Saint-Laurent: les zones d'interventions prioritaires (ZIP) ». In *7ᵉ entretiens du Centre Jacques Cartier,* sous la dir. de G. Blake, B. Pinel-Alloul, C.E. Delisle et M.A. Bouchard, Coll. « Environnement », vol. 22, p. 147-162.

Burton, Jean. 1997b. « Le Saint-Laurent et les grands fleuves du monde ». *In Vivo,* vol. 17, no 1, p. 8-11.

Burton, Jean. 1991. *L'intégration des aspects bio-physiques et socio-économiques à l'échelle régionale. Démarche retenue pour la préparation du document d'intégration ZIP.* Montréal : Environnement Canada, Conservation et protection, Centre Saint-Laurent, 50 p.

Caldwell, Lynton K. 1990. « Opening remarks. Public participation in government a double-edged phenomenon ». In *Public participation and Remedial Action Plans: an overview of approaches, activities and issues arising from RAP coordinator's forums*, sous la dir. de International Joint Commission, Great Lakes Regional Office, Societal committee of the Great Lakes Science Advisory Board, p. 5-7. Windsor (Ontario).

Centre Saint-Laurent. 1996. *Rapport-synthèse sur l'état du Saint-Laurent.* Volume 1 : L'écosystème du Saint-Laurent. Montréal : Environnement Canada – région du Québec, Conservation de l'environnement et Éditions MultiMondes, 205 p.

Chartrand, J., J.F. Duchesne et D. Gauvin. 1998. *Synthèse des connaissances sur les risques à la santé humaine reliés aux usages du fleuve Saint-Laurent dans le secteur d'étude Valleyfield-Beauharnois.* Centre de santé publique de Québec, Direction de la santé publique de la Montérégie, Ministère de la Santé et des Services sociaux du Québec, Santé Canada. 196 p.

Chouinard, Yannick. 1998. «L'analyse de l'action collective dans le domaine de l'environnement au Québec : de l'approche des mouvements sociaux à l'analyse stratégique du comportement des acteurs». Mémoire de maîtrise, Montréal, Université du Québec à Montréal, 136 p.

Cleary, Lynn. 1999. « Le volet Implication communautaire de Saint-Laurent Vision 2000». In *Rapport de la consultation publique sur l'état environnemental de la section fluviale « Entre 2 Lacs »* (Salaberry-de-Valleyfield, 13-14 novembre 1998), sous la dir. de Priscilla Gareau, Claire Lachance et Francine Poupard, p. 7-8. Salaberry-de-Valleyfield : Comité ZIP du Haut Saint-Laurent.

Comité de bassin de la rivière Chaudière (COBARIC). 1996. *Vers une gestion intégrée et globale des eaux du Québec.* Rapport final. Sainte-Marie (Qué.) : COBARIC, 89 p.

Commission française du développement durable. 1996. *Étude sur les acteurs du développement durable : Les associations d'environnement.* Les cahiers du développement durable, no 2 (décembre). Paris : Fédération Française des Sociétés de Protection de la Nature, 50 p.
Crozier, Michel, et Erhard Friedberg. 1977. *L'acteur et le système : les contraintes de l'action collective.* Paris : Éditions du Seuil, 500 p.

Delisle, André. 1995. « Quebec's waterways : avenues for participatory management ». *Écodécision*, vol. 17 (été), p. 46-49.

Deslauriers, Jean-Pierre. 1991. *Recherche qualitative : guide pratique.* Coll. « THEMA ». Montréal : McGraw-Hill, 142 p.

Dunlap, Riley E., et Angela G. Mertig. 1992. « The evolution of the U.S. environmental movement from 1970 to 1990 : an overview ». In *American environmentalism: the U.S. environmental movement: 1970-1990*, sous la dir. De Riley E. Dunlap et Angela G. Mertig, p. 1-10. Philadelphia : Taylor & Francis.

Environnement Canada, Groupe de travail sur l'approche écosystémique et la science des écosystèmes. 1996. *L'approche écosystémique : au-delà de la rhétorique.* Ottawa : Approvisionnements et Services Canada, 23 p.

Evans, David. 1991. « Public involvement in transboundary projets: remedial action plans for the clean-up of the Great Lakes ». *Canadian Water Resources Journal*, vol. 16, no 3, p. 247-252.

Friedberg, Ehrard. 1994. « Le raisonnement stratégique comme méthode d'analyse et comme outil d'intervention». In *L'analyse stratégique : sa genèse, ses applications et ses problèmes actuels,* sous la dir. de Francis Pavé, p. 135-152. Paris : Seuil.

Friedberg, Erhard. 1988. *L'analyse sociologique des organisations.* Paris : L'Harmattan, 125 p.

Galle, Marion. 1993. « La régulation conflictuelle des pollutions ». *Natures, Sciences, Sociétés*, vol. 1, no 2, p. 118-127.

Gangbazo, Georges. 1996. « Expériences de contrôle de la pollution diffuse agricole à l'échelle du bassin versant ». *Vecteur Environnement*, vol. 29, no. 2, p. 65-71.

Gangbazo, Georges. 1995. « Le défi de la gestion intégrée de l'eau par bassin versant en milieu rural ». *Vecteur Environnement*, vol. 28, no 6, p. 23-30.

Girard, Jean-François, Yves Corriveau, Sven Deimann, Laurent Gémar, Mariève Rodrigue et Hervé Pageot. 1999. *La gestion de l'eau au Québec : aspects juridiques et institutionnels.* Montréal : Centre québécois du droit de l'environnement, 137 p.

Gauthier, Benoît (dir.). 1993. *Recherche sociale : de la problématique à la collecte des données.* 2e édition. Sainte-Foy (Qué.) : Presses de l'Université du Québec.

Gauthier, Mario. 1998. « Participation du public à l'évaluation environnementale: une analyse comparative d'études de cas de médiation environnementale ». Thèse de doctorat, Montréal, Université du Québec à Montréal, 317 p.

Griffin, C.B. 1999. « Watershed councils : an emerging form of public participation in natural resource management». *Journal of the american water resources association*, vol. 35, no 3, p. 505-518.

Guay, Louis. 1994. « La dégradation de l'environnement et l'institutionnalisation de sa protection ». In *Traité des problèmes sociaux*, sous la dir. de Fernand Dumont, Simon Langlois et Yves Martin, p. 81-103. Québec : Institut québécois de recherche sur la culture.

Hamel, Pierre. 1997. « Démocratie locale et gouvernementalité : portée et limites des innovations institutionnelles en matière de débat public ». In *Ces réseaux qui nous gouvernent?*, sous la dir. de Michel Gariépy et Michel Marié, p. 403-423. Paris et Montréal: L'Harmattan.

Hamel, Pierre. 1996. « Crise de la rationalité : le modèle de planification rationnelle et les rapports entre connaissance et action ». In *La recherche sociale en environnement : nouveaux paradigmes*, sous la dir. de Robert Tessier et Jean-Guy Vaillancourt, p. 61-74. Montréal : Les Presses de l'Université de Montréal.

Hamel Pierre. 1995. « Mouvements urbains et modernité: l'exemple montréalais ». *Recherches sociographiques*, vol. 36, no 2, p. 279-305.

237

Hamel, Pierre. 1993. « Contrôle ou changement social à l'heure du partenariat ». *Sociologie et sociétés*, vol. 15, no 1 (printemps), p. 173-188.

Hartig, John H., et Michael A. Zarull. 1992a. « A Great Lakes Mission ». In *Under RAPs: toward grassroots ecological democracy in the Great Lakes bassin*, sous la dir. de John H. Hartig et Michael A. Zarull, p. 5-35. Michigan: University of Michigan Press.

Hartig, John H., et Michael A. Zarull. 1992b. « Keystones for success ». In *Under RAPs: toward grassroots ecological democracy in the Great Lakes bassin*, sous la dir. de John H. Hartig et Michael A. Zarull, p. 263-279. Michigan: University of Michigan Press.

Hudon, Marc. 1999. « Le rôle des communautés humaines dans la réhabilitation du Saint-Laurent ». In *Rapport de la consultation publique sur l'état environnemental de la section fluviale « Entre 2 Lacs »* (Salaberry-de-Valleyfield, 13-14 novembre 1998), sous la dir. de Priscilla Gareau, Claire Lachance et Francine Poupard, p. 8-11. Salaberry-de-Valleyfield : Comité ZIP du Haut Saint-Laurent.

International Joint Commission (IJC). 1991. *Review and evaluation of the Great Lakes Remedial Action Plan (RAP) program 1991*. Great Lakes Water Quality Board, report to the International Joint Commission. Canada et États-Unis: International Joint Commission, 47 p.

Jollivet, Marcel, et Alain Pavé. 1993. « L'environnement un champ de recherche en formation ». *Natures, sciences, sociétés*, vol. 1, no 1, p. 6-20.

Jourdain, Anne. 1994. « Réflexion sur la théorie et la pratique de la gestion écosystémique de l'eau ». Mémoire de maîtrise, Montréal, Université de Montréal, Institut d'Urbanisme, Faculté de l'aménagement, 89 p.

Kenney, Douglas S. 1999. « Historical and sociopolitical context of the western watersheds movement ». *Journal of the american water resources association*, vol. 35, no 3, p. 493-503.

Lang, Reg. 1986. *Integrated approaches to resource planning and management*. Calgary: The University of Calgary Press et The Banff Centre for School of Management, 302 p.

Lascoumes, Pierre. 1994. *L'éco-pouvoir : environnement et politiques*. Paris : La Découverte, 317 p.

Lascoumes, Pierre. 1993. « La dimension juridique des politiques d'environnement ». *Sécurité*, no 7 (octobre), p. 42-48.

Lascoumes, Pierre, et Jean-Pierre, Le Bourhis. 1998a. « Le bien commun comme construit territorial: identités d'action et procédures ». *Politix*, no 42 (deuxième trimestre), p. 37-66.

Lascoumes, Pierre, et Jean-Pierre Le Bourhis. 1998b. « Les politiques de l'eau: enjeux et problématiques ». *Regards sur l'actualité*, vol. 241 (mai), p. 33-41.

Latour, Bruno, et Jean-Pierre Le Bourhis. 1995. *Donnez-moi de la bonne politique et je vous donnerai de la bonne eau...* Rapport sur la mise en place des Commissions Locales de l'Eau. Paris : École Nationale Supérieure des Mines de Paris, Centre de Sociologie de l'Innovation, 79 p.

Lepage, Laurent. 1997. « Note sur l'administration de l'environnement ». In *L'état administrateur: modes et émergences*, sous la dir. de Pierre T. Tremblay, p. 403-418. Sainte-Foy (Qué.): Presses de l'Université du Québec.

Lévesque, Benoît. 1994. « Québec: des expériences à l'institutionnalisation ». In *Cohésion sociale et emploi*, sous la dir. de Bernard Eme et Jean-Louis Laville, p. 229-245. Paris: Desclée de Brouwer.

Margerum, Richard. 1999. « Integrated Environmental Management : The Foundations for Successful Practice ». *Environmental Management*, vol. 24, no 2, p. 151-166.

Mercier, Jean. 1997. « Quelques éléments de la pensée institutionnelle du mouvement écologiste ». In *Le partage des responsabilités publiques en environnement*, sous la dir. de Paul Painchaud, p. 17-42. Institut international de stratégies et de sécurité de l'environnement, Groupe d'études et de recherches sur les politiques environnementales. Coll. « Cap-Vert ». Sainte-Foy (Qué.) : Les Éditions La Liberté inc.

Mermet, Laurent. 1992. *Stratégies pour la gestion de l'environnement. La nature comme jeu de société?* Paris : Éditions L'Harmattan, 205 p.

Milbrath, Lester. 1988. « Intertwined scientific and political roles in conflict management. Moderator introduction ». In *Environmental dispute resolution in the Great Lakes region : a critical appraisal. Great Lakes Program Conference,* sous la dir. de Lynne S. Bankert et R. Warren Flint, p. 130-131. Buffalo : Great Lakes Program.

Morgan, Gareth. 1989. *Images de l'organisation.* Québec : Les Presses de l'Université Laval.

Organisation de coopération et de développement économiques (OCDE). 1989. *Gestion des ressources en eau : politiques intégrées.* Paris : OCDE, 228 p.

Parent, Sylvain. 1990. *Dictionnaire des sciences de l'environnement*. Ottawa : Éditions Broquet Inc., 748 p.

Pearse, P.H., F. Bertrand et J.W. MacLaren. 1985. *Vers un renouveau : Rapport définitif de l'Enquête sur la politique fédérale relative aux eaux*. Ottawa : Gouvernement du Canada, 259 p.

Québec, Secrétariat au développement des régions. 1997. *Politique de soutien au développement local et régional*. Sointe-Foy (Qué.): Les Publications du Québec, 50 p.

Québec, Conseil de la conservation et de l'environnement. 1993. *Pour une gestion durable du patrimoine hydrique du Québec*. Québec: Les publications du Québec, 96 p.

Québec, Commission d'étude des problèmes juridiques de l'eau. 1975. *Rapport de la Commission d'étude des problèmes juridiques de l'eau*. Québec : Ministère des richesses naturelles, 459 p.

Réseau québécois des groupes écologistes (RQGE). 2000. *Le financement des groupes environnementaux : le mouvement écologiste est marginalisé par Québec*. Montréal : Réseau québécois des groupes écologistes, 8 p.

Rhoads, Bruce L., David Wilson, Michael Urban et Edwin E. Herricks. 1999. « Interaction between scientists and nonscientists in community-based watershed management : emergence of the concept of stream naturalization ». *Environmental Management*, vol. 24, no 3, p. 297-308.

Rist, Gilbert. 1996. *Le développement : histoire d'une croyance occidentale*. Paris : Presses de la Fondation nationale des sciences politiques, 426 p.

Ruhl, J.B. 1999. « The (political) science of watershed management in the ecosystem age ». *Journal of the American Water Resources Association*, vol. 35, no 3, p. 519-526.

Saint-Laurent Vision 2000 (SLV 2000), Québec, ministère de l'environnement et de la faune, et Canada, Environnement Canada. 1998a. « Interactions communautaires : deuxième édition du programme ». *Le fleuve*, vol. 9, no 1 (octobre), p. 10.

Saint-Laurent Vision 2000 (SLV 2000), Québec, ministère de l'environnement et de la faune, et Canada, Environnement Canada. 1998b. *Rapport quinquennal :1993-1998.* Sainte-Foy (Qué.) : Bureau de coordination de Saint-Laurent Vision 2000, 44 p.

Saint-Laurent Vision 2000 (SLV 2000), Québec, ministère de l'environnement et de la faune, et Canada, Environnement Canada. 1998c. *Saint-Laurent Vision 2000 : phase III 1998-2003.* Sainte-Foy (Qué.) : Bureau de coordination de Saint-Laurent Vision 2000, 6 p.

Saint-Laurent Vision 2000 (SLV 2000), Québec, ministère de l'environnement et de la faune, et Canada, Environnement Canada. 1995. *Entente cadre entre les partenaires gouvernementaux et Stratégies Saint-Laurent Inc.* 11 p.

Sasseville, Jean-Louis. 1990. *Administration publique de l'eau.* Sainte-Foy (Qué.):INRS-Eau, pages multiples.

Séguin, Michel. 1997. « L'émergence de mouvements sociaux de l'environnement dans l'enjeu des déchets solides à Montréal ». Thèse de doctorat, Montréal, Université de Montréal, 304 p.

Séguin, Michel, Louis Maheu et Jean-Guy Vaillancourt. 1995. « Les poubelles du Québec : d'un enjeu de groupe de pression à un enjeu de mouvement social ». *Revue canadienne de sociologie et d'anthropologie*, vol. 32, no 2 (mai), p. 189-214.

Simard, Christian. 1990. « Stratégies Saint-Laurent: Un programme pour mettre les québécois dans le coup ». In *Symposium sur le Saint-Laurent un fleuve à reconquérir* (Montréal, 3-5 novembre 1989), sous la dir. de D. Messier, P. Legendre, et C.E. Delisle, p. 385-395. Coll. « Environnement et Géologie », Université de Montréal, vol. 11. Montréal: Association des Biologistes du Québec et Environnement Canada, Centre Saint-Laurent.

Société québécoise d'assainissement des eaux. 1996. *Réflexion stratégique sur la gestion de l'eau au Québec*. Montréal : Société québécoise d'assainissement des eaux, 21 p.

Stone, Russel A., et Adeline G. Levine. 1988. « The question of habitability of Love Canal: the role of scientific expertise and technical data in establishing criteria (making new science with immediate policy implications) ». In *Environmental dispute resolution in the Great Lakes region : a critical appraisal. Great Lakes Program Conference,* sous la dir. de Lynne S. Bankert et R. Warren Flint, p. 132-146. Buffalo : Great Lakes Program.

Stratégies Saint-Laurent (SSL). 1997. *Réflexions et propositions de Stratégies Saint-Laurent pour la poursuite de sa mission au-delà de mars 1998*. Québec : Stratégies Saint-Laurent, 19 p.

Stratégies Saint-Laurent (SSL). 1996. *Guide d'élaboration des PARE du Programme ZIP*. Québec : Stratégies Saint-Laurent, 12 p.

Stratégies Saint-Laurent (SSL). s.d. a. *Étapes de l'opération ZIP*. Québec : Stratégies Saint-Laurent, 6 p.

Stratégies Saint-Laurent (SSL). s.d. b. *Démarrage de Comités ZIP*. Québec : Stratégies Saint-Laurent, 6 p.

Stratégies Saint-Laurent (SSL). s.d. c. *Guide de préparation des consultations publiques par les Comités ZIP dans le cadre du programme ZIP*. Québec : Stratégies Saint-Laurent, 11 p.

Tomalty, Ray, Robert B. Gibson, Donald H.M. Alexander et John Fisher. 1994. *Planification écosystémique des régions urbaines du Canada*. Toronto (Ontario) : Les Presses du CIRUR, 205 p.

Tremblay, Nicolas. 1996. « Les différents outils de gestion de l'eau en France et leurs applications potentielles au Québec ». Mémoire de maîtrise, Montréal, École polytechnique de Montréal, Département de génie civil, 223 p.

Vaillancourt, Jean-Guy. 1992. « Deux nouveaux mouvements sociaux québécois : le mouvement pour la paix et le mouvement vert ». In *Le Québec en jeu : Comprendre les grands défis*, sous la dir. de Gérard Daigle, p. 791-807. Montréal : Presses de l'Université de Montréal.

Vaillancourt, Jean-Guy. 1982. « Évolution, diversité et spécificité des associations écologiques québécoises : de la contre-culture et du conservationnisme à l'environnementalisme et à l'écosocialisme ». *Sociologie et Sociétés*, vol. 13, no 1, p. 81-98.

www.ingramcontent.com/pod-product-compliance
Lightning Source LLC
Chambersburg PA
CBHW021035210326
41598CB00016B/1032